岩溶地区小流域农业非点源氮磷分布特征解析及其污染防控策略研究

——以桂林奇峰河流域为例

曾鸿鹄　梁丽营　梁延鹏　著

中国环境出版集团·北京

图书在版编目（CIP）数据

岩溶地区小流域农业非点源氮磷分布特征解析及其污染防控策略研究：以桂林奇峰河流域为例 / 曾鸿鹄，梁丽营，梁延鹏著. —北京：中国环境出版集团，2022.6
ISBN 978-7-5111-5160-5

Ⅰ.①岩…　Ⅱ.①曾…②梁…③梁…　Ⅲ.①岩溶区—小流域—农业污染源—非点污染源—氮—分布—桂林②岩溶区—小流域—农业污染源—非点污染源—磷—分布—桂林③岩溶区—小流域—农业污染源—非点污染源—氮—污染防治—桂林④岩溶区—小流域—农业污染源—非点污染源—磷—污染防治—桂林　Ⅳ.①X524.01

中国版本图书馆 CIP 数据核字（2022）第 083561 号

出 版 人　武德凯
责任编辑　林双双
责任校对　薄军霞
封面设计　岳　帅

出版发行　中国环境出版集团
　　　　　（100062　北京市东城区广渠门内大街 16 号）
　　　　　网　　　址：http://www.cesp.com.cn
　　　　　电子邮箱：bjgl@cesp.com.cn
　　　　　联系电话：010-67112765（编辑管理部）
　　　　　发行热线：010-67125803，010-67113405（传真）
印　　刷　北京中科印刷有限公司
经　　销　各地新华书店
版　　次　2022 年 6 月第 1 版
印　　次　2022 年 6 月第 1 次印刷
开　　本　787×960　1/16
印　　张　13.5
字　　数　310 千字
定　　价　58.00 元

前　言

　　全球水资源总量丰富，但由于水生态环境的破坏以及水质的恶化，能够直接利用的淡水资源严重短缺。而我国水资源的短缺特征呈现为北方资源性缺水，南方水质性缺水；很多河流、湖泊、水库的富营养化程度严重，是我国亟待解决的水环境问题。

　　近十年来，我国持续强化了点源污染治理力度，点源污染已经取得了很好的控制效果；而近年来发现流域水体环境质量恶化的主要原因是非点源（NPS）污染的持续增加，特别是由人类农业活动造成的 NPS 污染。众多研究表明，氮磷含量是湖泊、水库和流域富营养化的主导者，是主要的影响因素，而农业 NPS 污染是造成河流、湖泊与水库富营养化的"罪魁祸首"。发达国家最早发现农业 NPS 污染给水体污染带来了最大的污染"贡献"。因此，农业耕作引发的农业 NPS 污染导致流域水质下降以及水生态系统遭到破坏，成了全球共同关注的环境问题。

　　本书以桂林市岩溶地区奇峰河流域为研究对象，基于奇峰河流域水质以及实际土壤中流失特征的监测分析，利用年化农业非点源污染模型（AnnAGNPS）与地理信息系统（ArcGIS）相结合的技术，系统地研究了奇峰河流域内水体氮磷污染特征及来源；通过模型模拟流域内地表径流、泥沙、非点源氮磷的污染负荷的时空分布特征，分析了不同土地利用变化下的氮磷模拟输出量，识别关键的污染风险区；通过多情景模拟定量化研究 NPS 污染负荷的削减效果及潜力，探讨适用于奇峰河流域的最佳管理措施，并对奇峰河流域提出综合的 NPS 污染防控措施，从源头以及汇流过程上减少并拦截农业 NPS 氮磷污染。因此，本研究工作不仅可为改善奇峰河流域水质及土地利用合理规划提供科学依据，还可弥补西南岩溶地区关于 AnnAGNPS 模型实时模拟的空白，为岩溶地区的水质改善工程、流域水环境的治理等工作提供指导意义。

本书的编写和修改得到了刘峰教授、覃礼堂教授、代俊峰教授、莫凌云研究员、方荣杰研究员、宋晓红高级实验师的帮助。本研究工作得到了温莎大学杨建文教授指导，得到了刘砥、彭广生、杜士林、朱杰、高振刚、刘德财、刘昭珏、张健威、黄鑫、陆一瑾、闫小雨、黎昕、李钰静、刘敏等硕士研究生的帮助。本研究工作和本书编写过程中，参考了大量国内外有关文献资料并在书中引用，在此谨向这些文献的作者表示感谢。

本书的研究和出版得到了国家自然科学基金重点项目（51638006）、环境科学与工程广西一流学科、广西环境污染控制理论与技术重点实验室及其科教融合基地、岩溶地区水污染控制与用水安全保障协同创新中心、水污染控制国家级实验教学示范中心和环境污染防治与生态保护国家级虚拟仿真实验教学中心等项目的资助，在此一并致谢。

由于作者理论水平和实践经验有限，书中难免有不妥之处，敬请读者批评指正。

曾鸿鹄　梁丽莹　梁延鹏

2021 年 11 月于桂林理工大学

目　录

第1章 绪 论

1.1 引言

全球水资源总量丰富，但由于水生态环境的破坏以及水质的恶化，能够直接利用的淡水资源严重短缺。相关数据表明，按照当前的水资源利用效率，到2030年，水资源利用效率将超出当前可持续供水量的40%[1]。水资源短缺正逐渐演变成一种全球性的资源危机[1]，制约着全球经济的发展，威胁着人类的生存发展[2]。

我国水资源的特点为北方资源性缺水，南方水质性缺水。根据中国水资源公报（2018年）的相关统计数据[3]，全国 $2.45×10^5$ km 的河流水质评价结果表明，Ⅰ～Ⅲ类水质河长占 81.6%，Ⅳ～Ⅴ类水质河长占 12.9%，劣Ⅴ类水质河长占 5.5%。全国 124 个湖泊的水质评价结果表明，全年总体水质为Ⅰ～Ⅲ类的湖泊占总数的 25.0%，Ⅳ～Ⅴ类湖泊占评价湖泊总数的 58.9%，劣Ⅴ类湖泊占评价湖泊总数的 16.1%。全国有 351 座大型水库、566 座中型水库及 147 座小型水库，全年总体水质为Ⅰ～Ⅲ类的水库占 87.3%，其中水质处于Ⅳ～Ⅴ类的水库占 10.1%，处于劣Ⅴ类水质的水库有 2.6%。这些数据表明，我国的水资源水质污染较为严重。

我国河流、湖泊、水库的富营养化程度很严重，是我国亟待解决的水环境问题。许多学者已经对我国河流、湖泊、水库进行了富营养化的定性研究，刘守成等[4]对杭州湾水域进行了富营养化分析，富营养化指标 E 值大于 1，表明水域的富营养化程度已经达到较严重的等级。我国第三大淡水湖——太湖，目前呈现中等富营养化状态的水体面积已达到 97%，富营养化造成了大面积的蓝藻暴发，从而数次大规模地影响了自来水厂的取水工程[5]。李亚楠等[6]对北京密云水库上游水质进行研究评价,水库水质均为劣V类,其原因是总氮(TN)含量超标引发,TN是严重超标的物质,且含量呈现逐年上升的趋势。朱波等[7,8]对紫色土小流域氮磷营养素的研究指出,川中地区流域氮磷营养素的不断流失会进一步加剧长江三峡流域的富营养化。

近年来,随着国家对点源污染治理力度的增加,点源污染已经得到了很好的控制,而近年来发现水体环境质量恶化的主要原因是非点源(NPS)污染的持续增加,特别是由人类农业活动造成的 NPS 污染。许多研究表明,氮磷含量是湖泊、水库和流域富营养化的主导者,是主要影响因素[9]。而现有的研究也直指农业 NPS 污染是造成河流、湖泊与水库富营养化的"罪魁祸首"。发达国家最早发现农业 NPS 污染给水体污染带来了最大的污染"贡献"。1996 年,Kronvang 等[10]发现了丹麦的 270 条河流有 94%的氮负荷和 52%的磷负荷是 NPS 污染造成的。Boers[11]的研究指出,荷兰农业 NPS 污染向水环境污染总量贡献了 60%的 TN 和 40%~50%的总磷(TP)。美国、日本和其他国家的调查显示,即使所有的点源污染已经达到了零排放,河水、湖水和海水的水质符合率也分别只有 65%、42%和 78%,即还存在着 NPS 污染[12]。陈瑜等[13]构建了中国北方仿真流域,并对流域进行 TN 模拟,结果显示,模拟的流域中 TN 污染的主要污染源由农业源、生活源、工业源组成,三者的贡献率分别为 63.7%、19.8%、16.5%。而我国是一个农业大国,传统的耕作方式、粗放式的施肥,以及喷洒农药等不合理的农业管理措施,造成了严重的农业 NPS 污染。

目前,对桂林市流域、水库、湖泊的调查发现,青狮潭水库处于中营养化(指数为 37.2~47.9)的水平[14],而位于奇峰河流域内会仙湿地分水塘处的水质达到了劣V类标准[15]。本书课题组前期的实地调研走访以及采样发现,奇峰河流域的水质污染程度较高,水质已经超出了地表水的V类标准,存在较严重的污染以及富营养化情况(图 1-1、图 1-2)。

图 1-1　奇峰河流域污染情况（生活垃圾）

图 1-2　奇峰河流域分水塘处水体污染情况（疯长的凤眼莲）

　　奇峰河流域是漓江的一级支流，是西南岩溶地区桂林市覆盖型岩溶发育区的主要区域，部分会仙岩溶湿地位于流域内，是全球中低纬度带岩溶生态脆弱带。

同时也是连接西城区与南城区及中心城区的纽带，作为市区及周边地区和未来城区的重要水源地，其在涵养水源、净化水质、调节气候和改善空气质量、美化环境以及为漓江蓄洪补水等方面有着十分重要的意义，会仙湿地是桂林市和漓江流域的肾脏。奇峰河流域是桂林市临桂县的农业生产重地，为农业的生产种植提供了重要的灌溉水源。但是近年来，由于特殊岩溶水文地质的自然环境和人类不合理的生产生活等活动的影响，流域正面临着河流干枯、旱涝灾害频繁、水土流失程度不断加深、生物多样性降低等越来越严峻的生态环境挑战。

基于本书课题组前期的调研，奇峰河流域存在较为严重的氮磷污染。因此本书选择桂林市奇峰河流域作为研究区。实地综合调查流域内 NPS 氮磷污染的季节与空间分布特征，综合评估流域内的水质等级，是有效控制奇峰河流域 NPS 氮磷污染的前提。同时结合地理信息系统（ArcGIS）技术，将 AnnAGNPS 模型应用于奇峰河流域，估算流域内单位面积集水单元下 NPS 氮磷的输出负荷量，识别流域内 NPS 氮磷的关键污染区，为精准治污提供方向。最佳管理措施的情景模拟为削减奇峰河流域的 NPS 污染提供参考依据。岩溶地区的流域具有学术代表性，可以弥补西南岩溶地区关于 AnnAGNPS 模型实时模拟的空白，不仅为以后的水质改善工程、流域水环境的治理等工作提供指导意义，同时也为奇峰河流域土地利用合理规划提供参考依据。根据模拟得出的最佳管理措施可以应用于流域周围农业的管理，从源头以及汇流过程中减少并拦截农业 NPS 氮磷污染。

1.2　非点源污染的研究进展

1.2.1　非点源污染概述

美国的《清洁水法修正案》中关于 NPS 污染的定义为："污染物通过广域的、分散的、微量形式进入地表以及地下水的环境行为。"广义的 NPS 污染包括水环境与大气环境的污染，而狭义的 NPS 污染仅表示水环境的污染[16]。我国学者普遍接受的 NPS 污染是指面源污染，也叫分散源污染，是指人类无法在时空上进行定点监测，但污染与大气、水文、土壤、植被、地质、地貌、地形等环境条件和人类活动息息相关，并且随时随地发生，直接对大气环境、土壤生态、水体构成严重污染的污染物来源[17]。在 NPS 污染的水环境污染中研究最多的则是农业 NPS 污染和城市 NPS 污染。农业 NPS 污染是指由区域性的农业生产活动所产生的氮、磷、农药以及其他有机和无机污染物质诸如化学品、畜禽养殖带来的粪便、生活污水以及生活垃圾等通过地表径流、侧向排水、土壤淋溶渗漏等多种途径进入水体并造成水体富营养化或其他形式污染的现象[18]。

　　NPS 污染的研究进程大致分为三个主要阶段，第一阶段为 20 世纪 60 年代至 70 年代中期。国外 NPS 污染的研究已经开始起步，美国、加拿大、英国等发达国家率先进行了 NPS 污染研究，集中研究了 NPS 污染的整个污染过程，并初步建立了数学统计模型；第二阶段为 20 世纪 70 年代中期至 90 年代末，全球范围内开始逐渐重视 NPS 污染带来的重大环境影响。NPS 污染得到了全面快速的发展，其间大量的关于 NPS 污染的模型被开发研究与应用，并取得不错的成绩；第三阶段为 21 世纪，模型机理的研究已逐渐成熟，不断应用于各地的流域实践，针对 NPS 污染的治理技术也日益成熟，同时基于遥感、地理信息系统、全球定位系统等的 "3S" 技术集成开发了 NPS 污染的机理模型。

　　我国 NPS 污染的研究开始于 20 世纪 80 年代，相比发达国家而言起步较晚。其发展阶段可以分为两个阶段，第一阶段是 20 世纪 80 年代至 90 年代末，主要研究 NPS 污染的来源以及迁移过程，并借用国外各类模型研究其机制；第二阶段是 21 世纪开始至今，与世界上 NPS 污染研究阶段相似，我国开始自主研发基于 "3S" 技术与 NPS 污染模型相结合的集成模型。

　　农业生产活动的普遍性以及广泛性决定了农业 NPS 污染具有广泛性和普遍性的特点，同时由于土地利用的时空特异性，其还具有分散性与危害范围广的特点；NPS 污染的迁移转换还与降雨过程息息相关，由于降雨的随机性和其他地形、土壤等影响因子的不确定性，NPS 污染的形成同时具有较大的随机性；农业 NPS 污染的分布广泛又决定了其具有难监测的特点；NPS 污染的发生还具有难监测的滞后性以及机理模糊性的特点。

1.2.2　农业非点源污染的来源

　　农业 NPS 污染是 NPS 污染另一个狭义的定义，顾名思义，其污染源主要来源于与农村、农业相关的农业生产生活的措施，其来源可以归纳为以下 4 个方面。

1.2.2.1 农药化肥、施肥灌溉引起地表径流营养成分流失

我国是农业生产大国，在不断提高农业生产产量以及提高生产效率的同时，还存在不科学的农药化肥施用方式。因此，农业 NPS 氮磷污染的主要原因之一是过度施用农药化肥。农业耕种生产活动中施用的尿素、复合肥、氨态氮肥及各种有机肥，能够在土壤微生物的作用下，通过硝化作用形成硝酸盐氮，而 $NO_3\text{-}N$ 则较难吸附在土壤胶体上，从而更容易通过降雨或者灌溉的水淋作用进入地下水或者通过地表径流和土壤侵蚀入渗到地表水体中，对水体造成污染。研究表明，在土壤—植物的生态系统中，作物对于氮素的利用率仅有 20%～35%，大部分剩余的氮素被土壤颗粒与胶体吸附蓄积，进而供作物吸收利用，而 25%的氮通过大气沉降损失[19]。农作物不能完全吸收过量的化肥，剩余的化肥则通过地表径流流失到河流湖泊等水体中，造成了水体富营养化。国家统计局近 20 年的统计数据显示[20]（图 1-3），我国化肥总量从 1998 年的 4.084×10^7 t 增长到 2015 年的 6.022×10^7 t，同比增长了 47.46%，而 2015—2018 年下降了 9.03%。根据农业农村部公布的统计数据[21]，目前我国化肥利用率很低，平均每亩①化肥用量是 21.9 kg，远高于世界平均水平（亩均 8 kg），利用率是美国施肥量的 2.6 倍，是欧盟标准施肥量的 2.5 倍。我国化肥施用总量大，占世界化肥施用量的 1/3 [22]。吴家琼等[23]调查了潜江市几种农作物化肥的利用率，当季中稻的氮肥、磷肥、钾肥养分的相对利用率分别为 36.1%、12.8%和 58.7%，棉花的相对利用率分别为 25.1%、18.5%和 33.6%，小麦的相对利用率分别为 20.1%、11.8%和 39.4%，油菜的相对利用率分别为 17.8%、4.9%和 23.4%，作物的肥料利用率均较低。目前，美国粮食作物的氮肥利用率大约为 50%，欧洲主要国家粮食作物的氮肥利用率则高达 65%，比我国高出了 15%～30%[24]。耕作地中施肥总量大，且养分利用率低，容易造成大量剩余的化肥残留在土壤中，通过地表径流流失、土壤淋溶、地下水渗漏等方式进入水体，从而引起水体富营养化。

---

① 1 亩≈666.7 m²。

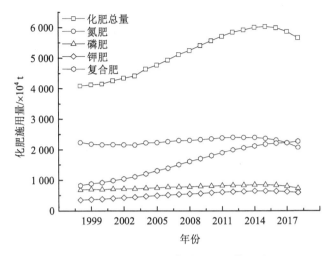

图 1-3 1998—2018 年我国化肥施用总量

图 1-4 为 1998—2015 年我国农药使用总量情况，农药的使用量从 1998 年的 1.23×10^7 t 增长到 2014 年的 1.80×10^7 t，同比增长了 46.69%，而后开始下降。农业农村部数据表明[21]，我国农药的平均利用率只有 38.8%，而欧美等发达国家（地区）的农药利用率则达 50%～60%，我国农药的利用率远低于发达国家，这也表明我国仍有约 60% 的农药通过径流或其他方式流失到水体中，或残留在土壤中，对农业 NPS 污染有着巨大的"贡献"。

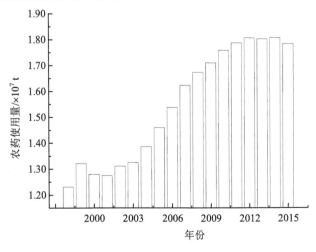

图 1-4 1998—2015 年我国农药使用总量

国家统计局数据显示，粮食产量由 1998 年的 5.12×10^8 t 增长到 2015 年的 6.63×10^8 t，同比增长了 29.4%[25]。对比粮食和农药增加的百分比，发现粮食增加的百分比比化肥农药的低。目前，我国许多地区还是通过施用过量化肥以及喷洒农药的方式来提高农作物的产量（图 1-5）。

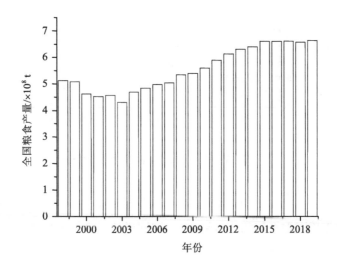

图 1-5　1998—2019 年我国粮食产量

1.2.2.2　农田土壤侵蚀的水土流失

农业生产活动中不合理的耕作方式、森林的乱砍滥伐、毁林开荒、围湖造田、开矿采石、修路等是土壤侵蚀流失的主要因素[26]。有研究者对我国黄河、长江等九大江河流域进行泥沙侵蚀量测算，得出的结果是九大流域的多年平均泥沙侵蚀量为 53.10 亿 t，九大流域均遭受了不同程度的侵蚀[27]。土壤侵蚀则是规模最大、危害程度最严重的一种土壤退化以及环境污染源[28-30]，Yahya Farhan[31]发现约旦北部的 Wadi Kufranja 流域有 3 940.56 hm^2（31.2%）的流域面积出现极端严重的土壤侵蚀，土壤侵蚀速率达 25～50 t/（hm^2·a）。腾红芬等[32]采用通用土壤流失方程（RUSLE）评估我国土壤侵蚀的速率，结果发现我国土壤年平均侵蚀速率为 1.44 hm^2/a，60% 以上的土地出现土壤侵蚀，平均潜在侵蚀速率小于 0.1 hm^2/a。司家济[33]对颍河流域内的土壤侵蚀研究发现，2017 年流域内平均土壤的侵蚀模数为

403.3 t/（km²·a），土壤侵蚀的总量为 388 781 t/a，而农田是主要受侵蚀的土地，总侵蚀面积比例达 86.52%。李铁峰等[34]对康平县三道沟小流域侵蚀研究发现，轻度、中度侵蚀的面积分别为 714.15 hm² 和 120.04 hm²，各占流域总面积的 29.76% 和 5.00%，对流域内侵蚀的总量贡献率分别是 62.41% 和 22.05%。其他流域亦出现了严重的土壤侵蚀，如喀斯特地区的贵州三叉河流域[35]、淮河流域[36]、岷江上游流域[37]等，均表明我国土壤侵蚀已经达到了严重的程度。土壤表层中的大量养分通过地表径流、土壤侵蚀而携带进入水体，进一步给水体贡献了营养元素，从而导致水体富营养化。

1.2.2.3 农村生活垃圾以及污水的不合理排放

据《全国农村环境污染防治规划纲要（2007—2020 年）》，2015 年，我国村镇生活垃圾、生活污水处理量分别为 2.77×10^8 t 和 7×10^8 t。随着我国农村经济的快速发展，农民的生活水平有了很大的提高，农村产生的生活垃圾的数量已经达到了年均 3 亿 t[38]。而农村的生活垃圾中，厨余类的垃圾共占了 40%以上[39]，该部分垃圾富含有机质，尤其是糖类物质含量高，并且含有氮、磷、钾、钙及微量元素[40]。目前全国只有 60%的建制村的生活垃圾得到处理，22%的建制村的生活污水得到处理，这表明仍有许多农村地区的生活垃圾以及生活污水得不到妥善合理的排放处理[41]。王渊[42]对长乐江流域的研究发现，流域内的铵态氮污染主要来源于生活污水以及禽畜粪便的污染，那么，不合理的生活垃圾和生活污水的排放，势必会引起更广泛的农业 NPS 污染。生活垃圾与生活污水中往往含有大量的氮磷，这又加剧了农业 NPS 氮磷的污染。

1.2.2.4 分散式养殖场禽畜粪便排放

2015 年，我国农村禽畜粪便量为 3.04×10^8 t。农村由于处理设施落后，甚至有些不经过处理，将畜禽养殖产生的大量废水和粪便直接向水体排放[38]。养殖废水和粪便含有大量的氮、磷等养分，排入流域、湖泊中，容易导致水体中有机物的增加，造成水体的富营养化，因而成为水质恶化的主要因素[43, 44]。同时，利用禽畜养殖产生的污水以及粪便灌溉、培育农作物，会造成农田土壤污染，污染随着土壤侵蚀再次进入水体中，造成流域污染。第一次全国污染源普查数据表明，畜牧业已被公认为我国河流氮流量的重要农业来源之一[45]，农业来源对水道的氮负荷占 57%，其中 38%来自畜牧业的生产[46]，畜牧业的发展已经对环境造成了严重的危害[47]，然而，第二次全国污染源普查只涵盖了规模较大的畜禽养殖场，其粪肥产量仅占总量的 30%～50%[48]，而农村的禽畜养殖多为分散养殖，对环境的污染更是不可忽视[46]。

1.2.3　农业非点源污染的发生机理

在对农业 NPS 污染负荷的定量化以及防治策略进行研究时，污染物的迁移转换机制是研究的基础。农业 NPS 污染的过程是一个非常复杂的动态过程，其中包括降雨径流过程、土壤侵蚀过程、地表溶质的溶出过程和土壤溶质的渗漏过程，以及这 4 个过程的相互作用[49]。

1.2.3.1　降雨径流

NPS 污染负荷的主要驱动因子是地表径流，暴雨径流的氮磷流失量占了相当大的比重，是氮磷流失的重要途径。研究表明[50]，颗粒态磷、溶解态磷主要的损失途径是降雨径流。毛亮等[51]的研究表明，TP 和颗粒态磷（PP）的浓度随着流量变化而变化，TP 和 PP 浓度会随着降雨径流增大而显著增大。Sharpley 等[52]的研究指出地表径流量与磷浓度呈现较好的相关性。王宏等[53]对花椒沟小流域的研究表明，铵态氮最大排放浓度出现在 4—6 月，流失风险期为 4—7 月；TN、硝态氮最大排放浓度、流失风险期都为 7—9 月，与降雨量呈正相关，硝态氮为 TN 最主要排放形式；颗粒态氮流失风险也比较高，而且与降雨量呈正相关。曹瑞霞[54]对三峡库区内小流域的报道表明强降雨对氮磷流失的影响显著。

1.2.3.2　降雨诱发的土壤侵蚀流失

降雨诱发的土壤侵蚀为地表径流与雨滴的共同作用，使土壤颗粒脱离并运移的过程[55]。土壤是 NPS 污染的主要载体之一，土壤侵蚀是一个极其复杂的自然过程，是威胁水土资源的全球性挑战[56]，而土壤侵蚀又是对水环境污染程度最严重的一种 NPS 污染过程[57]。周崧等[58]对柴河小流域中 2011 年 7 月、8 月两场暴雨径流的氨氮进行分析表明，氨氮输移主要是吸附于土壤颗粒表面的部分，氨氮流失控制的关键是避免土壤颗粒流失，出现氨氮浓度较大的水样均是颗粒物粒径小于 0.000 8 mm 的部分引起的，说明氨氮易于吸附在粒径较小的颗粒物上。

1.2.3.3　地表溶质溶出

农田中未被植物吸收的过量氮肥以及现存的不合理的农业管理措施，导致农田中剩余的大量氮磷等养分随地表径流流失进入受纳水体，造成地表水体严重的富营养化以及地下水含水层硝酸盐污染的环境问题[59, 60]。王志荣等[61]研究了不同的施氮浓度对油菜地上的土壤氮素流失的影响规律，在油菜的生长过程中，地表径流中氮素流失严重，硝态氮、铵态氮是氮素流失的主要形式，同时还存在其他氮素流失的形式。Fu Jin 等[62]提出了一种简化的建模方法来估算稻田中地下水径流的氮磷含量，并与地表径流相比，研究发现地下水径流是干旱水稻种植区域养分流失的主要途径，而地表径流是湿润地区养分损失的重要过程。

1.2.3.4　土壤溶质渗漏

农田中剩余的营养元素可以通过地表土壤渗透流失到地下水，评估营养素流失量的研究已经成为 NPS 污染研究中的热点问题，许多研究集中在估算硝酸氮在土壤中的流失量[63]。研究发现[64]，磷素在土壤中通过淋溶形式损失，其损失量比地表径流与土壤侵蚀所损失的量更大，土壤中磷素流失的另外一个重要途径是渗漏迁移。对土壤淋溶产生影响的因素有很多，包括田间施肥量[65]、田间管理措施[66]、土地利用方式[67, 68]、肥料类型[65, 69]、生物固氮作用、土层深度[70]、降雨量、灌溉量[68]等。李学平等[71]的研究发现，在水稻生长周期内，紫色土的磷素渗漏整体上呈下降趋势。

1.2.4　农业非点源污染的危害

1.2.4.1　水体富营养化程度加深

在农业 NPS 污染中常携带氮磷、化学污染物或者其他沉积物，造成水体严重的富营养化[72]。污染物会随着河流的方向逐渐沉降，降低水体的透明度，增加浊度，从而影响水体内植物的光合作用[73]；降低水体中溶解氧的含量，影响水生生物赖以生存的环境，降低水体的生态功能。同时，因为富营养化，藻类大量繁殖，影响其他水生动物生存[74, 75]；降低水体的景观功能、提高饮用水的处理成本等。由于降雨径流、水土流失，大量泥沙进入水体，造成水体淤积，加剧水力侵蚀程度，增加河道泥沙清理成本，影响水体航运功能。

1.2.4.2　降低土壤肥力

在农业生产过程中，过量地施用肥料以及区域间的分配不平衡，易造成土壤板结，其中土壤的质地、土壤的结构和孔隙度产生的变化，影响了土壤的通透性、排水、蓄水能力、根部穿透的难易、植物养分的保存力等，从而导致耕作质量差、肥料利用率低、土壤和肥料养分易流失[76]。而据研究报道[77]，我国每年使用的农药有 70%～90%直接进入土壤，导致现有耕地受到不同程度的污染，农药过量使用的农田有 87 万～107 万 hm^2，可见农药已成为土壤主要的污染源之一。

1.2.4.3　对地下水的威胁

现阶段，随着科技经济的高速发展，我国农业呈现日益增强的集约化状态，通过增加氮、磷等营养物的化肥投入，以及提高农耕强度的做法，提高了农作物产量，使得 NPS 污染进一步成为地下水污染的主要来源[78-80]。而来自农田肥料、农药和其他污染物的氮、磷、重金属元素及其他化合物，因其溶解度低，活动性差，从而在土壤和地下水的非饱和带中逐渐积累，成为地下水质量的潜在威胁。贾卓等[81]在 2011—2013 年分析了挠力河流域"三氮"的时空分布特征、"三氮"之间的相关性及其成因，结果表明，农业活动较为活跃的地区是挠力河流域地下水氮污染的主要区域，地下水径流条件影响地下水氮污染；丰水期的地下水 NO_3-N 与 NH_3-N 的浓度高于枯水期；包气带的厚度影响地下水中铵态氮和硝态氮的相关性。王锦国等[82]研究了奎河徐州段两岸浅层的地下水氮的特征以及来源，结果表明，浅层地下水中 NH_4^+ 是氮的主要存在形式，NO_3^- 次之；通过对 $\delta^{15}N-NH_4^+$ 的同位素进行分析，有 27.3%来自化肥的 NH_4^+，而来自动物粪便、生活污水等高 $\delta^{15}N$ 值的 NH_4^+ 约占 72.7%；$\delta^{15}N-NO_3^-$ 同位素分析结果表明，地下水中 NO_3^- 来自化肥和土壤有机氮量的部分约为 15.2%，来自动物粪便和污水量的约为 63.6%。

1.2.4.4　污染大气

氮素是自然界生物体的主要营养元素，而其在大气的贮存中占了主要部分，约占 78%，主要以氮气（N_2）和多种氮的化合物形式存在。N_2 或者氮的化合物并不能为动植物直接摄取，只能在微生物或者与微生物共生的植物的固氮作用下，转换成动植物可以利用的活性氮。陆地和水流域生态系统所产生的 NO_x、NO_2 以及 NH_3 构成了大气中活性氮的主要来源[83]，而农业生产活动则是大气中活性氮的主要来源。大量化肥的施用、粗放的畜牧业生产排放出大量的氨（NH_3）、硫化氢（H_2S）、甲烷（CH_4）等污染物。农田秸秆燃烧排放大量的以黑碳和有机气溶胶为主的大气颗粒物，以及一氧化碳（CO）、氮氧化物（NO_x）和挥发性有机物（VOCs）等为主的气态污染物[84]。研究表明[85, 86]，畜牧业生产和农田化肥施用是 NH_3 重要的农业大气污染物排放源。在农业生产活动中，过量施用氮肥以及人为活性氮的增加，使得土壤中剩余的未被动植物利用的氮肥以 NH_3 的方式挥发到大气中，并会转移到水体中去，同时污染大气和水体环境。

1.2.5　农业非点源污染的研究方法

NPS 污染对于生态环境的危害，已经引起国内外的广泛关注，而基于农业 NPS 污染的特点，如何研究其污染规律以及发生机理，也是许多环境工作者重点关注的问题之一。目前 NPS 的研究方法主要有以下 3 种。

1.2.5.1　田间小区实际监测法

在早期的 NPS 研究中，主要采用田间试验法对污染负荷进行估算，设置不同的径流小区，在降雨或田间排水产生径流后，通过计算小区的径流量，再对径流池里的水样泥沙量进行测量，然后分别测定水样和泥沙中 TN、NO_3-N、NH_3-N 的含量[87, 88]。由于该方法受人为因素和自然因素影响较大，每个因素都影响最终数据的确定，作物、时间、区域、田间管理方式都影响数据的获取。因此，在尺度较小的流域内可以采取田间监测法，在进行模型验证和参数校正时可以采用其作为辅助手段，获取流域内的基础信息。早期学者的野外实验研究发现[87]，在施肥情况下，水田中氮、磷的流失量分别高达 $11.2\,kg/hm^2$ 和 $0.69\,kg/hm^2$，是不施肥情况下流失量的 10～30 倍。

1.2.5.2　人工模拟方法

在某种程度上，人工模拟方法是田间小区试验的另一种扩展，选取典型的小区进行 NPS 污染的试验，该方法的关键是人工降雨的模拟。模拟区域内面积的不同以及降雨机不同功能的设置会对模拟的结果产生影响，具有不确定性[89]。对于暴雨侵蚀的模拟，是一种不可多得的手段，使得试验可以重复进行。学者们利用人工降雨的模拟方法研究 NPS 污染，研究结果均表明，NPS 氮磷流失量与降雨强度成正比，不同的坡度影响非点源氮磷的输出[90-92]。

1.2.5.3　计算机模拟方法——模型研究

目前，NPS 的研究主要是通过计算机模拟，即模型研究。较为成熟的软件有 AnnAGNPS、CREAMS、GLEAMs、ANSWERS、HSPF、SWAT 等。

1.2.6　非点源污染模型的概述

NPS 污染模型根据模型运行机制的特点，分为经验—概念化模型、机理模型两大类。根据防治措施应用的特点分为源头控制措施类模型与过程控制类模型两类。常用的 NPS 污染模型有以下几种。

1.2.6.1　经验—概念化模型

经验模型的运行不涉及复杂的函数运算过程，不考虑 NPS 污染物的产生、迁移和转化过程，仅仅通过污染物的输入与输出间的量化关系进行模拟，它又可以叫作"黑箱模型"或者功能性模型。模型的运行没有严格的数据要求，处理相对简单。但是模型的局限性在于，需要相似条件下的野外数据作为基础，同时需要收集流域的一些基本数据，例如土地利用管理方式、流域水文参数、水质参数等建立经验性的关系表达式。因此其具有一定的时空限制性，计算的结果误差也较大，更适合进行污染物的估算。

（1）输出系数模型（ECM）

1976 年，Omernik 在湖泊富营养化的研究中得到了早期的输出系数模型[93]

（Export Coefficient Model，ECM），属于经验模型。输出系数模型具有使用快捷、方便的特点，后人在此研究基础上对模型进行了许多改进，使得模型更加准确地运用于更大尺度的流域。

1996 年，Johnes[94]根据前人的研究，对不同种类、不同分布的作物、牲畜均采取了不同的输出系数，同时考虑植物的固氮作用和氮的空气沉降等因素，提高了模型对土地利用的敏感度，得出更为准确的输出系数模型，其公式如下：

$$L = \sum_{i=1}^{n} E_i[A_i(I_i)] + P \qquad (1\text{-}1)$$

式中，L —— 营养物质的总体流失量；

$\quad\;\; E_i$ —— 第 i 种营养物质的输出系数；

$\quad\;\; A_i$ —— 第 i 种营养来源的数量，如土地面积、人口或禽畜数量；

$\quad\;\; I_i$ —— 第 i 种营养来源的单位输出量，如不同土地利用类型的单位面积输出量、个人和单头禽畜的营养物的输出量；

$\quad\;\; P$ —— 外部营养来源，如降雨、大气沉降等。

（2）GREEN 模型

欧洲养分流失的地理空间回归方程（Geospatial Regression Equation for European Nutrient Losses，GREEN）模型[95]考虑了从源头到集水区出口的两种不同的营养元素转移途径，包括施肥（化肥和粪肥）、大气沉积和分散住宅在内的扩散源（DS），它们首先在土壤中减少，然后部分保留在溪流中。点源（PS）包括来自下水道、污水处理厂、工业和铺装地区的排放，只保留在溪流中。将研究区域划分为若干个子流域，可以对任意子流域 i 建立如下模型：

$$\log(L_i) = \log(DS_i \times B_{\text{redi}} \times R_{\text{redi}} + PS_i \times R_{\text{redi}}) \qquad (1\text{-}2)$$

式中，L_i —— 年营养负荷，t/a；

$\quad\;\; DS_i$ —— 所有扩散源的总和，t/a；

$\quad\;\; PS_i$ —— 所有点源的总和，包括上游子流域的贡献，t/a。

$\quad\;\; B_{\text{redi}}$ 和 R_{redi} —— 分别表示流域减少因子和河流减少因子。

B_{redi} 是子流域年降水量（X_{Pi}）的函数，而 R_{redi} 是次流域河流长度（X_{Li}）的函数，如式（1-3）和式（1-4）所示：

$$B_{\text{redi}} = \exp(-\alpha_p \times X_{pi}) \tag{1-3}$$

$$R_{\text{redi}} = \exp(-\alpha_L \times X_{Li}) \tag{1-4}$$

式中的 X_{Pi} 和 X_{Li} 是无量纲的，因为子流域降雨和河流长度是通过最大比例归一化获得的。流域和河流减少因子是子流域特定的，而降雨系数 α_P（无量纲）和河流长度系数 α_L（无量纲）对于整个研究区域是唯一的，并且是估算的模型参数。

（3）磷指数模型（PI）

1993 年，Lemunon 提出了磷指数（Phosphorous Index，PI）模型[96]，旨在为用户提供一个简单的工具，可以根据现有的现场参数值来测量磷从一个特定站点移动的相对潜力。最初的磷指数模型综合考虑了影响磷素流失的土壤侵蚀、灌溉侵蚀、地表径流、土壤测试磷、化学磷肥施用率、化学磷肥施用方法、有机磷肥的施用率、有机磷肥施用方法 8 个影响因子，对每个指标的权重进行赋值，然后根据式（1-5）计算磷指数。根据计算的磷指数，将风险分为 4 类：低、中、高和非常高。

$$P_i = \sum F_i \times W_i (i = 1, 2, 3, \cdots, n) \tag{1-5}$$

式中，F_i —— 第 i 个指标的水平值；

W_i —— 第 i 个指标的权重值。

之后学者改进了第一代磷指数模型，通过不断修正因子权重[97, 98]和添加不同因子[99-101]得出改进的磷指数模型。后期的磷指数模型有不同的计算方法，都是对影响磷养分流失的各项因子（源因子和迁移因子）及其相互作用进行评估定级，以此表征养分流失至水体的潜在风险，并依据风险级别的高低来识别和追溯养分流失的高风险源区。

（4）SPARROW 模型

流域属性的空间参考回归（Spatially Referenced Regresssion on Watershed Attributes，SPARROW）模型[102]是基于经验统计并与机理过程相结合的统计模型。SPARROW 模型的核心是一个非线性的回归方程，这个回归方程描述了在给定的下游末端的污染物的流入负荷（输送），以及所有上游源头对该位置的负荷所作的监测和未监测的贡献之和，从陆地点源和 NPS 污染物质向河流的非保守型输移。模型主要应用于地表水体营养盐氮磷[103, 104]、杀虫剂、悬移质泥沙和有机碳等污染源估算和迁移分析[105]。

$$L_i = \sum_{n=1}^{n} S_{ni} \tag{1-6}$$

式中，L_i —— 河道 i 中的负荷；

　　S_{ni} —— 所有的营养源 n 从 J_i 描绘的子流域到达河道 i 的污染物负荷。

1.2.6.2　机理模型

机理模型是比经验—概念化模型更为复杂的模型，它可以针对污染物的产生来源、如何迁移转化以及较为复杂的时空传输过程进行更详细的模拟。应用较为广泛的机理模型主要有以下 7 种。

（1）CREAMS 模型

农业管理系统的化学物质、径流和侵蚀（Chemicals，Runoff，and Erosion from Agriculture Management Systems，CREAMS）模型[107]由美国农业部（USDA）和农业研究所（ARS）开发，用于模拟估算农业田块上的泥沙、径流以及化合物的 NPS 污染量及评价不同的农业耕作措施对 NPS 污染负荷的影响。CREAMS 模型也可以当作单事件模型运行。输入参数包括逐日降水量、月平均气温和太阳辐射、土壤和作物等；输出结果包括逐日径流、峰流、渗漏、蒸发、土壤侵蚀量、溶解态和颗粒吸附态氮磷等。目前模型在降雨侵蚀力方面的研究的应用较多[108-110]。

（2）GLEAMs 模型

农业管理系统对地下水负荷的影响（Groundwater Loading Effects of Agricultural Management Systems，GLEAMS）模型[111, 112]是一个计算机程序，用于模拟农业领域的水质事件。GLEAMS 已经被用于评估不同种植制度、湿地条件、地下排水田、农业和城市垃圾处理、营养和农药应用以及不同耕作制度下的水文和水质响应。

（3）ANSWERS 模型

Beasley 和 Huggins 在 20 世纪 70 年代末开发了原始面积 NPS 流域环境响应模

拟（Areal Nonpoint Source Watershed Environment Response Simulation，ANSWERS）模型[113]。最初的 ANSWERS 是建立一个分布式参数、面向事件的规划模型，以评估 BMP 对农业流域地表径流和泥沙损失的影响。模型用以预测农业流域的地表径流和泥沙迁移过程[114]。20 世纪 90 年代发展的 ANSWER-2000 是在原模型基础上改进的可连续模拟的模型。ANSWERS-2000 是一个分布参数、基于物理过程的连续模拟、农场或流域规模、旱地规划模型，用于评估农业和城市 BMP 在减少地表径流对河流的泥沙和养分输送以及通过根部区域对氮的淋溶方面的有效性[113]。改进后的 ANSWERS-2000 增加了 4 种氮库间的转换和交互作用的模拟，包括稳定的有机氮、活性有机氮、硝酸盐和铵氮[115]。

（4）AGNPS 模型

美国农业研究服务局（ARS）与明尼苏达州污染控制署（Minnesota Pollution Control Agency，MPCA）和自然资源保护服务局（NRCS）合作，于 20 世纪 80 年代初开发了单一事件农业非点源（Agricultural Non-Point-Source Pollutions，AGNPS）模型[116]。建立该模型是为了分析和提供径流水质的评估，是由几公顷到 2 万 hm² 的农业流域的单一风暴事件产生的径流量。AGNPS 由于其易用性、灵活性和相对准确性，在世界范围内被广泛应用于各种水质问题的研究。它可以模拟农业流域内的氮磷营养元素的输移转换和流域水质，还可对单次暴雨径流和土壤侵蚀产沙的过程进行预测模拟[117]。

（5）AnnAGNPS 模型

由于 AGNPS 是一个单事件模型，在其开发的早期，被认为是一个严重限制模型发展的因素。20 世纪 90 年代初，一个由农业研究所和自然资源保护委员会科学家组成的合作小组成立，重点开发 AnnAGNPS 模型的年化连续模拟版本。1998 年，美国农业局与自然资源保护局在单事件模型 AGNPS 的基础上开发了年化农业非点源污染（Annualized Agricultural Non-Point-Source Pollutions，AnnAGNPS）模型，模型沿用了 AGNPS 模型的命名，保留了 AGNPS 的特征，它是基于连续事件的连续分布式参数模型，包括降雨径流、泥沙侵蚀和化学物质迁移 3 个部分，主要用于模拟与评估流域内的 NPS 污染负荷[118]。

（6）SWAT 模型

土壤和水分评价工具（Soil and Water Assessment Tools，SWAT）模型[119]是由

美国农业部农业研究所（ARS）的 Dr. Jeff Arnold 博士开发的流域尺度模型。SWAT 模型基于物理过程，没有结合回归方程来描述输入和输出变量之间的关系，而是需要关于流域内的天气、土壤属性、地形、植被和土地管理实践的特定信息，SWAT 是一个连续时间模型，即一个长期产量模型，并不是针对单一事件设计的。SWAT 因其强大的物理过程以及能适应复杂多变的大流域的特性，在国内外有着广泛的应用[120-123]。

（7）HSPF 模型

水力学模拟（Hydrological Simulation Program-Fortran，HSPF）模型是由 Robert Carl Johanson 于 1981 年首次提出，基于水文平衡原理的半分布式水文模型。流域水文过程在透水地面的模拟考虑降雨和地表径流等水文过程；在不透水模块的模拟主要包括降水和地表径流等[124]。其应用时首先根据流域特征在 ArcView 平台上划分子流域；其次，建立空间数据库，包括降雨量、蒸发量、土壤性质、大气干湿沉降、植被覆盖等一系列相关数据；最后，对相关水文要素或污染物（径流、泥沙、农药、营养物以及用户所定义的污染物等）进行过程模拟[125]。

模拟城市污染的模型有暴雨水质管理模型（SWMM），储存、处理和地面漫流模型（STORM），Balttle 城市径流管理模型等，农业化学品运输模型（ACTMO），农田径流管理模型（ARM），统一运输模型田（TM），多层土壤化学物质迁移模型（CMLs）等。

用于研究 NPS 污染的水文水质模型或者经验模型有很多，这些模型多是经验模型和统计模型的融合，并没有对机理进行详尽的描述。而 NPS 污染机理模型一般是从机理上研究 NPS 污染的发生、迁移和转化，在结构上具备高度复杂的质量守恒，能够在相对小的尺度范围内模拟水文过程。

AnnAGNPS 模型属于机理模型中较为成熟的模型，许多研究表明其更适合在农业小流域内模拟应用。相对于其他机理模型，AnnAGNPS 模型还具备一个优势，即可以追溯污染源到最小的集水单元，以及查看每个集水单元对河道的贡献率。因此本书选择了 AnnAGNPS 模型作为奇峰河流域 NPS 氮磷污染的研究模型。

1.3　AnnAGNPS 模型研究进展

2001 年，基于物理过程的 AnnAGNPS 模型替代了 AGNPS 模型被开发出来，研究者们开始使用其开展 NPS 污染的研究工作。AnnAGNPS 模型可以模拟事件尺度、流域尺度的水文径流过程、营养物和农药杀虫剂在流域内的负荷。国内外的研究都聚焦于模型在不同地域的适用性研究、模型的参数敏感性研究、模型的最佳管理措施研究、模型的改进研究。

1.3.1　模型的适用性研究

关于适用性研究，国内外的学者都进行了不同地域的适用性研究，Yuan 等[126]验证了模型在 MDMSEA 深山谷流域降雨事件尺度上，模拟径流与观测径流是显著相关的（R^2=0.9）。Chahor 等[127]对西班牙纳瓦雷地中海流域的径流量和泥沙的模拟结果表明，模型在校准和验证过程中均能满足对月、季、年不同尺度下地表径流和泥沙的模拟。Das 等[128]将 AnnAGNPS 模型应用于加拿大安大略省南部的一个流域，未经校准的模型模拟的年径流量和泥沙的相关性 R^2 均为 0.89，校准后的模型，模拟径流量和泥沙的预测值与实测值之间的决定系数（R^2）分别为 0.93 和 0.91，表明该模型在产流产沙量模拟中具有较好的性能。Lyndon 等[129]利用 AnnAGNPS 模型对美国北达科他州西部上游的典型农业流域 Pingree 流域的 NPS 污染进行了模拟估算，模型预测径流为 0.31 m³/s，实测值为 0.46 m³/s，结果在可接受范围内。其他地区的流域模拟同样也得出了很好的模拟精度，如马来西亚吉隆坡河流域[130]、比利时农业流域[131]、地中海流域[132, 133]、西班牙 Anzur 流域[134]。在国内，最早于 2000 年，陈欣等[135]验证 AGNPS 模型在我国南方丘陵区小流域的可行性，预测结果与实际观测结果基本相符，认为该模型可用于南方丘陵区小流域。王飞儿等[136]运用 AnnAGNPS 模型对千岛湖流域 NPS 污染物输出总量进行预测分析，结果表明模拟结果与实测结果在一定误差范围内基本一致，表明该模型可以应用于 NPS 污染负荷估算及评价。贾宁凤等[137]评估模型能够比较理想地模拟流域长期的径流量和沉积物量，并可应用于黄土丘陵沟壑区的径流流失和土壤侵蚀定量评价。李家科等[138]以陕西黑河流域为研究区，采用 1991—

1998 年黑峪口断面月径流量、泥沙和无机氮、TP 监测数据率定和验证模型，验证了 AnnAGNPS 模型在西北半干旱地区典型流域的适用性。李开明等[139]应用 AnnAGNPS 模型对珠江三角洲潭江泗合水小流域的 NPS 污染进行了模拟，验证了模型的适用性，参数率定期和结果验证期月地表径流的决定系数 R^2 均大于 0.9，效率系数（NSE）均大于 0.8。闫胜军等[140]运用 AnnAGNPS 模型对典型黄土丘陵沟壑区—岔口小流域的水土流失进行模拟，模拟结果表明模型能较好地模拟地表径流，相对误差为–21.46%～2.26%，R^2 为 0.99，NSE 为 0.99。还有很多地区的流域模型的适用性得到了验证，如云南省捞鱼河小流域[141]、浙江省宁海县颜公河流域[142]、东南丘陵山区九龙江流域[143]、大沽河典型小流域[144]、丹江口库区黑沟河流域[145]、东南沿海桃溪流域[146]、珠江三角洲地区流域[147]、胶东半岛大沽河流域[148]等。

1.3.2　模型的参数不确定性及参数敏感性研究

参数敏感性以及不确定性研究，为校准与验证模型提供必要的依据，同时可以提高模型校准与验证的精度。王晓燕等[149]讨论了华北潮河流域大阁子流域的数字高程模型（DEM）分辨率和临界源面积（CSA）取值对 AnnAGNPS 模型模拟结果的影响。田耀武等[150]讨论了 DEM 对模拟三峡库区黑河小流域 NPS 的径流和泥沙精度的影响。黄志霖等[151]讨论了不同的 CSA 与最小源区沟道长度（MSCL）取值下，空间离散单元对模型模拟三峡库区黑沟流域的影响。娄永才等[152]利用修正的摩尔斯分类筛选法，分析 10 个参数对模型模拟结果的敏感性程度。钟科元等[153]研究了桃溪子流域 13 个参数对模型模拟的敏感性。Parker 等[154]对波托马可河流域进行了模型结构性和不确定性的研究。Pradhanang 等[155]进行了奥斯威戈河流域的 CSA 和 MSCL 的不确定性研究。

1.3.3　模型的最佳管理措施研究

最佳管理措施（Best Management Practices，BMP）是一种将工程类和非工程类措施相结合的综合污染防控体系，它通过改变或影响流域水文、土壤侵蚀、生态及养分循环等过程来达到控制 NPS 污染的目的[156-158]。BMP 的效率可以通过实际监测或建模来评估，监测数据比建模更为精确。然而，监测整个流域的水质数据会消耗大量的财力、人力和时间，同时监测的实际数据可能是无效的。因而，通过模型模拟计算 BMP 的效率是具有优势的。邹桂红等[159]对大沽河流域的 4 种管理措施进行模拟，得出退耕还林措施是流域内削减 NPS 污染的最佳管理措施。退耕还林的情景模拟在三峡库区的小流域也被验证为最佳管理措施[160-162]。耿润泽等[163]对密云水库上游蛇鱼川小流域进行最佳管理措施的研究，得出草型植物篱、25 m 河岸缓冲带、河岸带畜禽活动护栏以及集中放牧等措施的 NPS 污染控制效率最高。边金云等[164]对四岭水库小流域的情景模拟，发现对土地实行养分管理可以有效削减 NPS 污染负荷。Qi 等[165]利用 AnnAGNPS 模型和渠道网络模型（CCHE1D）耦合，对密西西比州北部的 Creek 实验流域进行土地利用组合的模拟，得到了最佳土地利用规划，流域的收益与成本之间的权衡得到了改善。BMP 的模拟研究表明，不同的流域具有各自的最佳管理措施，如蒂珀卡努河流域的最佳管理措施是对流域设置缓冲带[166]、Carapelle 流域[133]及巴西境内的热带森林小流域——马塔亚特兰提卡流域[167]内的最佳管理措施为减少农田耕作扰动面积，胶东半岛的大沽河流域的最佳管理措施为减少施肥量及采取秸秆留茬覆盖耕作[148]。

1.3.4 模型的改进研究

Grunwald 等[168]参照区域的实际情况，对 AnnAGNPS 模型中的 SCS 降雨产流模型及产输沙方程进行了修改，在德国的 3 个流域进行了应用，评估水文及泥沙模拟的效果。赵雪松[169]基于传统的 AnnAGNPS 模型，引入 MULSE 模型对 AnnAGNPS 模型的土壤侵蚀模块进行改进，再将模型运用于汤河西支流域的面源污染模拟。研究结果表明，改进的 AnnAGNPS 模型提高了传统 AnnAGNPS 模型的模拟精度，在模拟的 TN 和 TP 的 NPS 源污染指标上，改进的 AnnAGNPS 模型模拟值和实测值的相对误差均值分别减少 18%和 11.66%，相关系数分别提高 0.288 和 0.401。Demetrio 等[170]利用 AnnAGNPS 模型模拟巴西境内的热带森林小流域——马塔亚特兰提卡流域的水文响应，该模型使用森林默认径流曲线值（CN）运行，对径流的预测能力较差；改进后的模型对流域内年、季、月径流预测能力较好，日径流预测能力较差。

1.4　研究意义

本书通过文献调研，发现奇峰河流域的 NPS 污染以及 AnnAGNPS 模型研究仍存在以下问题：

（1）AnnAGNPS 模型适用性问题

从总结 AnnAGNPS 模型的研究历程和成果来看，目前模型主要应用于非岩溶地区的 NPS 污染模拟，在岩溶地区流域的许多研究均是研究水文汇流、各类重金属污染以及地下水硝酸盐氮污染，但是对于流域内农业 NPS 污染的研究很少。而桂林的奇峰河流域处于西南岩溶地区，同时又位于临桂县农业生产的重镇，因此对于农业 NPS 污染研究很有必要。AnnAGNPS 模型在岩溶地区的应用需要进一步研究与验证。

（2）关键污染区的识别以及潜在污染风险计算评估问题

AnnAGNPS 模型能够识别追踪污染物负荷到最小的集水单元，那么对于 NPS 污染的关键区域的识别能够为后期的精准治污提供科学依据。同时对比实测、空间插值预测及模型模拟的 NPS 污染是否存在一致性，如何基于流域内的基本情况构建 NPS 潜在污染风险模型。

（3）最佳管理措施的多元组合对 NPS 的削减效率问题

对于最佳管理措施的研究，往往集中于单一措施单一效应的研究，单一措施多效应对 NPS 污染负荷的削减潜力及效果趋势如何？多元管理措施的组合对于 NPS 的削减作用是协同、加和还是拮抗作用？因此研究单一措施多效应及多元管理措施组合对于 NPS 污染负荷的长期削减效果是必要的。

1.5　研究目的、研究路线与内容

1.5.1　研究目的

本书以奇峰河流域为研究对象，全面探讨流域 NPS 氮磷污染时空分布规律以及建立以每日降雨径流为驱动、农业 NPS 氮磷污染占主导的流域 NPS 污染排放污染负荷 AnnAGNPS 模型，优化模型的参数，解决 AnnAGNPS 模型在岩溶地区的基础问题。在验证模型后，对流域开展 NPS 污染模拟及识别关键污染区，构建流域内 NPS 潜在污染风险计算模型，实现流域内污染风险的分区管理。基于敏感性参数，通过多情景模拟定量化研究 NPS 污染负荷的削减效果及潜力，最终提出流域内的最佳管理措施的防控策略，从而实现对奇峰河流域内 NPS 污染的防控治理。

1.5.2 研究路线与内容

本书的研究技术路线如图 1-6 所示。首先收集 AnnAGNPS 模型基础空间数据及属性数据，确定研究区域，绘制地形图、水系图、土壤类型图，建立模型数据库，然后采集奇峰河流域水样及土壤并检测其氮磷数据，对水质进行综合评价；其次是 AnnAGNPS 模型的应用，对研究区域进行最佳子流域划分，输入所有参数值，对模型进行参数敏感性分析，得出敏感性参数，对模型进行校准和验证，利用校准验证后的模型对奇峰河流域的 NPS 污染源模拟以及时空分布特征进行分析，并对 NPS 污染风险进行评价，识别奇峰河流域关键污染区，设置单一措施多情景及多元措施多情景的最佳管理措施模拟，定量化评估得出适用于奇峰河流域的 BMP，提出岩溶地区的生态环境问题的修复意见与防控措施。

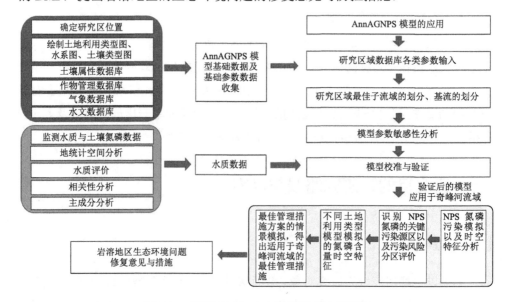

图 1-6 奇峰河流域 NPS 污染研究技术路线

针对上述目的，本书的具体研究内容如下：

（1）流域内水体与土壤 NPS 氮磷的分布特征解析

首先，对奇峰河流域的水体及土壤氮磷含量进行监测，并基于地统计的方法对水质采样数据进行空间相关性及全局趋势分析，采用两种空间插值方法，将流域的采样数据进行空间可视化，得出流域内氮磷空间分布规律。采用单一指数、综合水质指数法、氮磷营养盐限制因子对水质进行综合评价，得出奇峰河流域内水质的综合污染状况。利用硝酸盐氮、铵态氮与 TN 之间的比值研究，以及主成分分析法对流域内水体氮磷污染来源进行初步解析。

（2）奇峰河流域 AnnAGNPS 模型的构建、参数优化及应用

首先，通过对奇峰河流域进行实地调查和数据收集，获取该流域水文、气象、土壤属性、土地利用类型等大量基础资料，作为建立该流域 AnnAGNPS 模型的基础信息库，构建奇峰河流域的 AnnAGNPS 模型。其次，进行模型的最佳子流域划分，获得能描述奇峰河流域地表特征的子流域划分。最后，对模型的参数进行差分敏感性（DSA）分析，筛选出对 NPS 模拟结果敏感的参数，利用"试错法"对敏感参数优化以进行模型的校准与验证，获得稳健性高的 AnnAGNPS 模型。

（3）奇峰河流域 NPS 氮磷模拟时空分布及关键污染区的识别

基于模型中的质量守恒建立 NPS 氮磷污染物的模型，选取奇峰河流 3 年的土地利用情况，利用 AnnAGNPS 进行土地利用变化的 NPS 模拟，探讨奇峰河流域内的 NPS 污染变化情况。基于 2018 年的土地利用状况，确定该流域 NPS 污染物的时空分布特征，识别流域内的关键污染源区。最后，基于多准则分析法则及理想解法对奇峰河流域的 NPS 污染进行潜在污染风险评价，以及进行风险分区管理，为后续的精准治污提供依据。

（4）奇峰河流域 NPS 污染防控策略研究

结合参数敏感性分析结果，借鉴课题组毒理学中"等浓度固定比"的思想，实行单一措施多情景、多元措施多情景的模拟，对奇峰河流域的管理措施进行单一、"二元""三元""四元"措施的多情景模拟，定量化研究各情景模拟下模型的削减效果与潜力，筛选出适用于流域的 BMP，为制定适用于减轻甚至拦截奇峰河流域的 NPS 氮磷污染物的管理措施提供理论依据。

第2章 奇峰河流域水体与土壤非点源氮磷的分布特征解析

NPS 污染来源广泛、迁移转换机理复杂，具有滞后性和空间差异性。流域水体中氮磷含量的增加会加速水体富营养化的进程，危害河流内各类水生动植物的生存环境，同时给水污染治理带来更严峻的挑战。全面调查流域内水体与流域周边土壤的氮磷浓度以及快速准确地评价流域水质状况变得日益重要，同时，监测数据能为 NPS 污染的研究提供基础数据。

NPS 污染存在空间差异性，降水与土壤侵蚀均是 NPS 污染的驱动因子。气候类型、土地利用类型、土壤类型、植被覆盖类型、地形地貌和人为因素等会直接或者间接影响陆地土壤生态系统的循环，同时显示空间差异性，因此土壤系统成为一个高度空间变异连续体[171, 172]。不同的土地利用类型下，土壤养分流失与 NPS 污染之间的关系对研究流域内 NPS 污染的防控治理具有重要意义[173, 174]。

在水的驱动下，土壤养分一部分随着地表径流、泥沙侵蚀的横向迁移途径流失，一部分随着地下径流纵向迁移流失到地下水。土壤养分含量的高低决定了通过地表径流和土壤淋溶流失形成的 NPS 污染的潜在风险。在流域尺度上，气候和母质条件假设相对均一，由于陆地生态系统的复杂性，不同地区的土壤养分具有空间变异性[175, 176]，而影响流域内 NPS 污染的主要因素有土地利用方式、作物耕作管理措施以及空间分布等[177, 178]。

为了探明桂林奇峰河流域水体与土壤时空变化的规律，通过对流域进行采样调查，了解流域内水质的整体污染状况，对水质进行污染评价。通过监测不同土地利用类型下氮磷的流失量，得出流域中土壤氮磷的时空分布规律。采用全局趋势性分析以及空间插值分析，解析出流域内水体中氮磷的空间变异性以及空间分布特征。采样数据为 AnnAGNPS 模型提供校准期和验证期的必要数据，同时对其污染源进行初步解析，为实现后期对流域 NPS 污染进行环境风险评价，以及对流域 NPS 污染的治理提供支持。

2.1　流域概况

2.1.1　地理位置

奇峰河，原名为相思江，2013 年修订的《中国河湖大典（珠江卷）》中改名为奇峰河。在桂林市西南，发源于阳朔、临桂、永福三县交界处，临桂县南边山乡靖远村的香草岩（自然村，也为山名），干流由南向北流经临桂区的狮子口、南边山乡、六塘镇，从雁山镇良丰村折向东北的奇峰镇，在柘木镇的胡子岩处注入漓江，干流总长 69 km。本书中奇峰河流域包括会仙湿地从古桂柳运河的分水塘自西向东汇入奇峰河的区域。研究区的流域集水面积为 22.69 km^2。研究区位置如图 2-1 所示。

2.1.2　气象水文

桂林奇峰河流域所在地区气候温暖湿润，属中亚热带季风气候，冬无严寒，夏无酷暑，降雨量十分丰富，多年平均降雨量为 1 835.8 mm，年最大降雨量为 2 452.7 mm，年最少降雨量为 1 313.3 mm。雨季为 3—8 月，降雨量占全年的 80%，4—8 月是暴雨多发时期，降雨约占全年的 50%；7—9 月暴雨次数减少，常出现高温干旱天气；10 月天气晴朗少雨，秋高气爽，气候宜人。

流域内年均蒸发量为 1 569.7 mm，蒸发量最大的是 7 月，达 199 mm，占全年均数的 12.67%，年均气温为 19.5℃，最冷月份是 1 月，平均气温 8.6℃，最热月份为 7 月，平均气温 28.9℃，极端最高、最低气温分别为 38.8℃、−3.3℃。

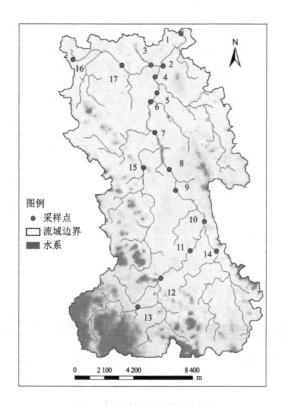

图 2-1 桂林市采样点布置

水质监测点的位置信息见表 2-1。

表 2-1 奇峰河流域水质采样点信息

采样点编号	位置名称	经度	纬度
1	良丰桥	110°17′92″	25°6′23″
2	师大汇合	110°17′14″	25°5′14″
3	古桂柳运河出口	110°16′05″	25°5′20″
4	鱼良头村	110°16′58″	25°5′95″
5	小刘家村	110°16′78″	25°4′49″
6	云塘村	110°16′36″	25°4′26″
7	江口村	110°16′19″	25°3′85″
8	黄家庄村	110°17′49″	25°1′35″
9	大埠洞村	110°17′52″	25°1′92″

采样点编号	位置名称	经度	纬度
10	老山底村	110°18′89″	25°0′8″
11	白泥头村	110°18′10″	25°59′72″
12	浪石圩	110°17′29″	24°58′45″
13	南边山镇	110°16′79″	24°57′28″
14	云塘	110°19′50″	24°5′72″
15	羊田村	110°15′30″	25°9′3″
16	新陡门	110°13′14″	25°5′77″
17	黄泥壁村	110°15′72″	25°5′44″

2.1.3　地质构造

　　奇峰河流域上游是由中泥盆统信都组碎屑岩组成的常态中低山，山体从南向北逐渐降低，中流段主要是由灰岩与白云岩组成的六塘—莫家向斜盆地。桂林岩溶区的特点主要是规模小且多零星散布于岩溶峰丛洼（谷）地、峰林平原（盆地）中，气候温暖，降雨量丰富，具有"土在楼上，水在楼下"的双层水文地质结构，大气降水在地表快速地向地下流失，导致大面积地表水缺乏，水土流失严重。奇峰河流域属于覆盖型岩溶发育地区中被松散堆积物覆盖的岩溶地区。

2.1.4　社会经济

　　临桂区是全国商品粮基地县，水稻常年播种面积稳定在 48 000 hm²，粮食产量约为 25 万 t/a，是"中国罗汉果之乡"，年种植罗汉果达 1 300 hm²，产果 16 000 万个，也是国家毛竹生产基地之一，年产毛竹 120 万根，还盛产甘蔗、马蹄、茶叶、香菇、木耳等土特产。流域内的行政村镇主要有南边山镇、六塘镇、部分会仙镇、部分雁山区。农业生产持续稳定增长。《2016 年临桂区国民经济和社会发展统计公报》显示，临桂区居民总户数为 144 076 户，总人口为 521 199 人。全区农林牧渔业总产值 68.85 亿元，其中，农业产值 33.18 亿元，林业产值 2.89 亿元，牧业产值 28.90 亿元，渔业产值 1.92 亿元，农林牧渔服务业产值 1.96 亿元。全年农作物总播种面积 8.38 万 hm²，其中粮食播种面积 4.85 万 hm²，经济作物播种面积 0.56 万 hm²，其他作物播种面积 2.97 万 hm²。粮食总产量 26.18 万 t，水果产量 15.32 万 t，蔬菜产量 47.12 万 t。全年肉类总产量 10.10 万 t，生猪出栏 43.27 万头，家禽出栏 4 207.52 万只，水产品产量 1.73 万 t。

境内植物种类繁多，仅维管束植物就有 1 399 种，其中蕨类植物 25 科 86 种，裸子植物 9 科 38 种，双子叶植物 133 科 1 072 种，单子叶植物 24 科 203 种。受长期人为活动的影响，全区海拔 600 m 以下山地和低丘地区常绿阔叶混交林基本被破坏，主要由人工促进天然更新马尾松林、杉木人工林及毛竹林所覆盖。平原丘陵地区速生桉等速生树种及桂花、夏橙等经济林树种较多。

2.2 数据分析

2.2.1 样品的采集与处理

本书选取奇峰河流域为研究区域，根据流域内的地形条件，在每个子流域的出口处设置了代表性的监测点，共 17 个采样点，采样点的分布情况如图 2-1 所示。采样频率为每月一次，2017—2018 年为季度采样，监测指标主要有 pH、TN、TP。2019 年 1—12 月以月为时间间隔，采样监测的指标有水质的常规指标 pH、水温、溶解氧（DO），同时分析水质的 TN、NO_3-N、NO_2-N、NH_3-N、TP、溶解性磷酸盐（DP）。本章根据不同的土壤类型与土地利用类型分布情况，在研究区布置了 13 个土壤采样点，样品的采集参照 HJ/T 166 的相关规定进行土壤样品的采集和保存。具体检测方法见表 2-2。

表 2-2 水体与土壤的各指标检测方法

样品类型	指标	方法
水样	pH	便携式多参数水质分析仪
	水温	便携式多参数水质分析仪
	DO	便携式多参数水质分析仪
	NH_3-N	纳氏试剂分光光度法
	NO_2-N	离子色谱法
	NO_3-N	离子色谱法
	TN	碱性过硫酸钾消解—紫外分光光度法
	TP	钼酸铵分光光度法
	DP	钼酸铵分光光度法

样品类型	指标	方法
土样	NH$_3$-N	氯化铵溶液提取—分光光度法
	NO$_2$-N	氯化铵溶液提取—分光光度法
	NO$_3$-N	氯化铵溶液提取—分光光度法
	TN	《土壤质量　全氮的测定　凯氏法》（HJ 717—2014）的凯氏法
	TP	《土壤　干物质和水分的测定　重量法》（HJ 613—2011）的碱熔—钼锑抗分光光度法

2.2.2　空间全局趋势及自相关性分析

2.2.2.1　全局趋势分析

全局趋势是指一组空间数据在特定方向上的变化趋势，它能够反映空间变量在整个区域产生变化的主体趋势的特征，可揭示某一空间变量的总体规律。利用 ArcGIS10.5 的全局趋势分析模块，将流域内二维平面上的点通过属性值的方式转化成三维视图，然后将空间点投影在两个互相垂直的平面上，并对投影进行多项式拟合。

2.2.2.2　全局空间自相关性分析

在地统计学中，完全随机的采样点是无意义的，而流域空间上某一点的各种水质参数的含量也并非是随机变化的，它不仅与采样点的距离、位置有关，而且与其在陆地上的传播途径和汇流方式相关[179]。在对研究区进行空间自相关性判断时，既要考虑整个研究区的大尺度趋势，也要考虑局部效应所呈现的结果，因此采用 Global Moran's I 指数评估全流域范围内的空间自相关性。空间自相关指数 Global Moran's I 计算见式（2-1）：

$$I = \frac{n\sum_{i=1}^{n}\sum_{j=1}^{n}w_{ij}(x_i - x_0)(x_j - x_0)}{\sum_{i=1}^{n}\sum_{j=1}^{n}w_{ij}\sum_{i}^{n}(x_i - x_0)^2} \tag{2-1}$$

式中，n —— 空间要素总数；

w_{ij} —— 空间权重矩阵；

x_i 和 x_j —— 分别为空间变量 x 在不同位置 i 和 j 上的实际观测值；

x_0 —— 空间变量 x 的平均值。

根据空间自相关指数 I 值判别空间相关性，即当 $I>0$ 时，表示空间呈正相关，其值越大，空间相关性越明显；当 $I=0$ 时，表示空间不具有相关性；当 $I<0$ 时，表示空间呈负相关，其值越小，空间差异性越明显。

2.2.3　空间插值预测

空间插值是指根据若干已知的空间离散点的数值，在考虑了样本点的形状、大小、空间方位，与未知样本点的相互空间位置关系时，对区域内其他未知样点数值估算的过程，空间插值分析的类型主要包括精确性空间插值和非精确性空间插值。

2.2.3.1　精确性空间插值

反距离加权插值（Inverse Distance Weighted，IDW）是精确性插值最常用的一种方法，是基于物体相近相似的原理，即两物体间的距离越近，其性质也越相似，反之，距离越远其相似性越远。IDW 的一般公式如下：

$$Z(s_0) = \sum_{i=1}^{n} \lambda_i \times Z(s_i) \tag{2-2}$$

权重确定的一般公式为

$$\lambda_i = \frac{d_{i0}^{-p}}{\sum_{i=1}^{N} d_{i0}^{-p}} \tag{2-3}$$

$$\sum_{i=1}^{N} \lambda_i = 1 \tag{2-4}$$

式中，p —— 指数值；

$Z(s_0)$ —— s_0 处的预测值；

$Z(s_i)$ —— s_i 处的测量值；

λ —— 预测权重；

N —— 总样本量；

d_0 —— 预测样点与已知样点间的距离。

2.2.3.2　非精确性空间插值

克里金插值方法是指在空间自相关性的基础上，利用原始已知数据与半方差函数的结构性，对区域化变量的未知采样点进行无偏估计的一种插值方法。克里金插值的理论基础是区域化变量和变异分析。区域化变量表示变量呈一定的空间分布特征，而克里金插值的关键在于变异分析，主要通过半变异函数和协方差函数反映其变异特性[180]。

普通克里金插值（Ordinary Kriging，OK）是区域化变量的线性估计，假设数据变化呈正态分布，则认为区域化变量 Z 的期望值是已知的某一常量，计算公式如下：

$$Z_v(x_0) = \sum_{i=1}^{N} \lambda_i \times Z(x_i) \qquad (2\text{-}5)$$

对于中心位于 x_0 块段 v 的平均值计算公式为

$$Z_v(x_0) = \frac{1}{v} \int Z(x) \mathrm{d}x \qquad (2\text{-}6)$$

式中，$Z(x_0)$ 为实测值，克里金方法把求一组权重系数 λ_i 作为目标，使得加权平均值成为待估块段 v 的平均值的克里金估计量 $Z_v(x_0)$。

2.2.3.3　插值精度分析

空间插值采用交叉验证方法，通过平均误差（Mean-Error）、均方根误差（RMSE）这两个指标来评估插值效果。平均误差在总体上能够反映估计误差的大小，结果越趋近于零，插值效果越好。均方根误差直接反映了空间插值模型的反演灵敏度、极值效应，结果越小，插值效果越好[180]。

2.2.4　水质评价方法

奇峰河流域水质评价标准是按照《地表水环境质量标准》（GB 3838—2002）的Ⅲ类水体标准进行评价。地表水污染程度采用地表水单因子指数法以及综合污染指数法分别评价水质的污染程度。

2.2.4.1 单因子水质评价方法

单因子水质评价方法具有简单明了、快速直接的特点，通过将各项水质参数的实测值与评价标准进行逐一对比，以单一评价中最差指标的水质类别作为该水样的水质类别。单因子评价方法的表达式为

$$Q = \max(Q_i) \tag{2-7}$$

式中，Q —— 单因子评价水质综合级别；

Q_i —— 评价参数 i 的水质级别；

max —— 取 i 项水质参数评价出最差的等级。

2.2.4.2 单因子污染指数法

单因子污染指数法是国内普遍采用的水质评价方法，可评价单项水质参数的污染状况，其计算公式如下：

$$P_{ij} = \frac{C_{ij}}{C_{xi}} \tag{2-8}$$

式中，P_{ij} —— 单一水质参数 i 在 j 点的污染指数值；

C_{ij} —— 水质参数 i 在 j 点的实测浓度值；

C_{xi} —— 水质参数 i 在《地表水环境质量标准》里Ⅲ类水体的标准值。

当 $P_{ij} \leq 1$ 时，表示该水样未受污染，当 $P_{ij} > 1$ 时，表示该水样已经受到污染，且 P_{ij} 值越大，表明水样的污染越严重。

对于 pH 的污染指数计算方法如下：

$$P_{\text{pH}} = \frac{7.0 - \text{pH}_j}{7.0 - \text{pH}_{\text{su}}} \quad \text{当 pH} < 7 \text{ 时} \tag{2-9}$$

$$P_{\text{pH}} = \frac{\text{pH}_j - 7.0}{\text{pH}_{\text{sd}} - 7.0} \quad \text{当 pH} > 7 \text{ 时} \tag{2-10}$$

其中溶解氧的计算与其他水质参数有所不同，其计算公式如下：

$$P_{\text{DO}} = \frac{C_{\text{sat}} - C_j}{C_{\text{sat}} - C_s} \tag{2-11}$$

式中，P_{DO} —— 溶解氧 DO 的污染指数值。

C_{sat} —— 饱和溶解氧值，mg/L；$C_{sat}=486/（31.6+t）$，t 表示温度，℃。

C_j —— DO 在 j 点的实测值，mg/L。

C_s —— DO 在《地表水环境质量标准》里的标准值，mg/L。

2.2.4.3 水质平均污染指数法

在自然水体中，各种污染物是复合存在的，因此全面反映水体中各污染物对水质的综合污染状况还应采用 WQI 方法进行评价。其计算公式如下：

$$WQI_j = \frac{1}{n}\sum_{i=1}^{n}P_{ij} \qquad (2\text{-}12)$$

式中，WQI_j —— 在 j 点的水质平均污染指数；

P_{ij} —— 水质参数 i 在 j 点的指数值；

n —— 水质参数个数。

根据 WQI_j 值来判别水质级别，水质等级分级标准见表 2-3。

表 2-3 地表水水质平均污染指数水质分级

级别	污染分类	水质平均污染指数（WQI）
I	清洁	≤0.1
II	尚清洁	0.1～0.3
III	轻度污染	0.3～0.5
IV	中度污染	0.5～1
V	重度污染	1～5
VI	严重污染	>5

2.2.5 相关性与主成分分析

主成分分析方法的原理是降维技术，即通过正交变换，把多个相关的因子转换为少数几个不相关的主成分因子的多元统计分析方法[181]。本章使用 SPSS20 进行水质的 Spearman 相关性分析和主成分分析。采用描述性分析、相关性分析、PCA 等统计方法对奇峰河流域水质的来源进行解析。

2.3 奇峰河流域水体非点源氮磷分布特征

2.3.1 营养元素时间分布特征

水体富营养化是由于水体的营养物质含量高，超出了水体中各类生物的使用量，造成营养物的剩余。自然界中氮素的各种形态之间相互转换，TN 包括硝酸盐氮、亚硝酸盐氮、氨氮等无机氮以及蛋白质、氨基酸等有机氮，其中 TN、NO_3-N、NO_2-N、NH_3-N 常被用于表征水体富营养化的严重程度，同时也被用于水体污染程度的表征。

2.3.1.1 流域氮素的时间分布特征

由表 2-4 可知，奇峰河流域水体的 TN 质量浓度范围是 0.402～41.998 mg/L，均值为 3.391 mg/L。NH_3-N 的质量浓度范围是 0.011～16.565 mg/L，均值为 0.918 mg/L。NO_3-N 的质量浓度范围为 0.000～4.962 mg/L，均值为 1.376 mg/L。NO_2-N 的质量浓度范围是 0.000～0.642 mg/L，均值为 0.129 mg/L。其 TN 的质量浓度均值高出汉丰湖水体的 1.23 倍，NH_3-N 高出 9.8 倍，NO_3-N 与其相差不大，仅高出 0.69 倍[182]。而 TN 的质量浓度与三峡水库小江支流的质量浓度（3.21 mg/L）相差不大[183]，是丹江口水库的入库支流神定河的 TN 质量浓度（11.63 mg/L）的 70.8%[184]。

表 2-4 奇峰河流域水质指标的描述性统计

水质参数	采样个数（N）/个	平均值（Mean）/（mg/L）	最小值（min）/（mg/L）	最大值（max）/（mg/L）	标准偏差（SD）/（mg/L）	变异系数（CV）/%
DO	219	5.148	0.520	9.190	1.473	2.170
NH_3-N	168	0.918	0.011	16.565	1.989	3.956
NO_3-N	168	1.376	0.000	4.962	0.860	0.740
NO_2-N	168	0.129	0.000	0.642	0.132	0.017
TN	219	3.391	0.402	41.998	4.361	19.022
DP	168	0.224	0.016	5.503	0.610	0.372
TP	219	0.260	0.019	5.526	0.633	0.401

图 2-2 为奇峰河流域 17 个采样点的 TN、NO_3-N、NO_2-N、NH_3-N 的季节变化情况。从图中可以看出，17 个采样点的 NO_2-N 的平均值季节分布规律是平水期＞丰水期＞枯水期，而 TN 和 NO_3-N 的则是枯水期＞平水期＞丰水期，NH_3-N 则是平水期＞丰水期＞枯水期。离群值为采样点 17 号的浓度，显著高于其他采样点，这是由于 17 号采样点附近存在较多的鱼塘以及养殖场，产生的废水直接进入流域内，且附近水体的流速很慢，容易造成污染物的停留蓄积，不能及时被稀释自净。NH_3-N 浓度在枯水季节高，推断其升高原因是枯水期流量少，缺少降雨径流以及地表径流携带的氮磷，温度不适宜进行硝化作用，硝化速率减缓，因此造成了 NH_3-N 浓度的升高。

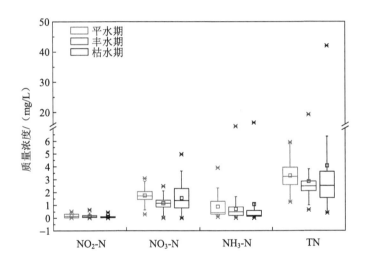

图 2-2　研究区各类形态氮季节变化

笪文怡等[185]对新安江水库河口区水质的研究中发现，暴雨后水库中 TN 的浓度会升高，证实了强降雨后，降雨对地表的冲击力大于对水库的稀释作用。当 NO_3-N 与 TN 的比值高于 NH_3-N 与 TN 的比值，则认为污染主要来源于农业 NPS 污染[186]。而奇峰河流域内 NO_3-N/TN（0.35）的值高于 NH_3-N/TN（0.27）的值，表明奇峰河流域内的污染源主要来源于农业 NPS 污染。与本章研究相似的还有长江入海处[187]。

2.3.1.2 流域磷素的时间分布特征

图 2-3 为奇峰河流域 17 个采样点的 TP 和 DP 季节变化情况，TP 和 DP 随时间的变化明显。从月平均浓度来看，枯水期 TP、DP 浓度高于丰水期和平水期的浓度，而从单个采样点的平均浓度来看，丰水期的浓度高于平水期与枯水期的浓度。这是由于在枯水期时，17 号采样点的浓度显著高于其他采样点，因而平均值就高于丰水期和平水期，说明降雨量对流域内水质污染产生影响。TP 与 DP 在 4 月、8 月、10 月、11 月都显示了很高的浓度，这是由于 4 月、8 月是奇峰河流域的汛期，降雨径流增大，将大量的含磷物质带入流域，水力扰动在一定程度上加速了底泥中含磷物质的释放，同时也因流域内作物春耕播种的时候，施肥量增加而浓度升高。8 月进入汛期中后期，前期大量的含磷物质进入水体并沉积在河底，随着气温的上升，底泥的含磷物质被释放，因此浓度升高。厌氧条件下，底泥中活性磷酸盐的内源释放会维持河流湖泊内富营养化状态[188]。已有的研究表明[189]，由缺氧和有机磷的水解引起的铁结合磷的释放导致了水体中磷的增加，同时由于氮和磷循环之间的相互耦合和相互作用，磷积累在富营养化过程中会加速氮的损失。

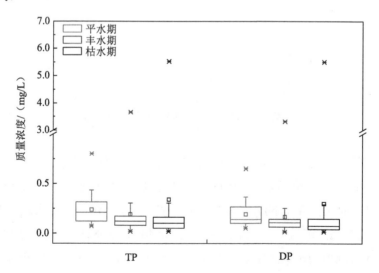

图 2-3 奇峰河流域 DP、TP 随时间变化规律

2.3.2　营养元素空间分布特征及全局趋势分析

2.3.2.1　氮素空间分布特征及全局趋势分析

利用 ArcGIS 地统计模块里的全局趋势分析模块，对采样点的数据进行全局趋势分析，得出流域内氮素的空间分布趋势特征。研究区内 17 个采样点氮素的空间分布以及空间全局趋势分别如图 2-4 和图 2-5 所示。

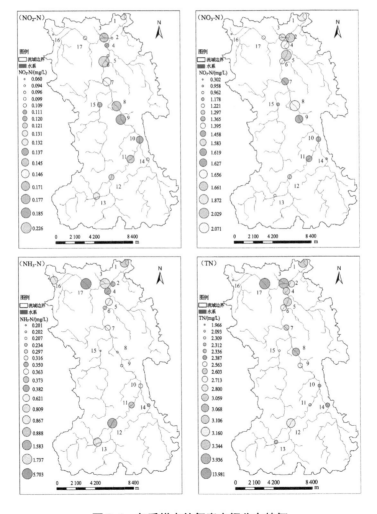

图 2-4　各采样点的氮素空间分布特征

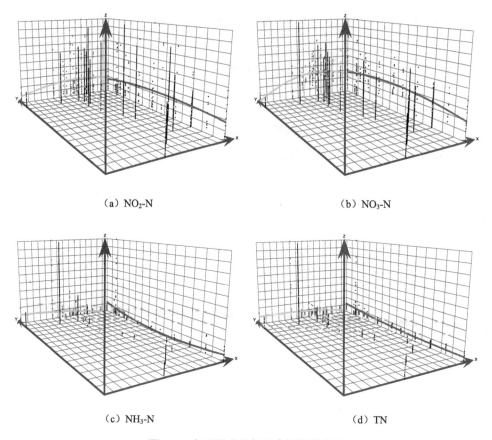

（a）NO$_2$-N   （b）NO$_3$-N

（c）NH$_3$-N   （d）TN

图 2-5　各采样点的氮素空间趋势分析

　　结合实测氮素空间分布与全局趋势分析图可以看出，流域内的氮素在一定程度上呈现空间分布趋势。NO$_2$-N 含量在东西和南北方向上均呈现近似倒 "U" 形分布，中间高、两边低，东部的含量略高于西部，南部含量略高于北部。NO$_3$-N含量分布趋势与 NO$_2$-N 相似，含量不相同。这表明流域中游的 NO$_2$-N 与 NO$_3$-N含量最高。NH$_3$-N 含量的空间分布趋势自西向东递减，在南北上近似 "U" 形分布，中间低、两边高，流域中游的污染最低，北边的含量略高于南边，流域下游的污染最严重。TN 的分布趋势在东西方向上自西向东递减，南北方向上自南向北递增，即下游的污染最严重。

　　氮素污染在空间上显示出较大的空间变化差异性。

2.3.2.2　流域内磷素空间分布特征及趋势分析

由图 2-6 和图 2-7 可以看出，DP 和 TP 在空间上存在空间分布趋势，两者的分布趋势相同，含量不相同，在东西方向上自西向东递减，在南北方向上自南向北递增，上游的污染程度低，下游的污染最严重。

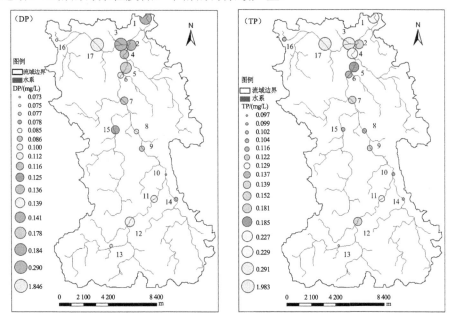

图 2-6　DP、TP 的空间分布特征

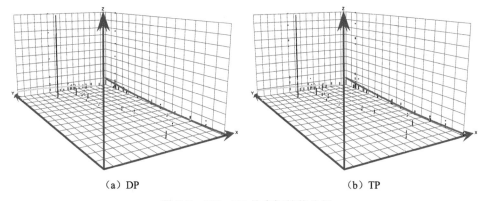

（a）DP　　　　　　　　　　　　　（b）TP

图 2-7　DP、TP 的空间趋势分析

可溶性磷酸盐的浓度水平总体上的变化趋势为桂柳运河支流＞下游＞中游＞上游。桂柳运河支流的浓度水平过高，主要是由于支流的河面较窄，水体的流速很慢，污染物不能及时被稀释净化，同时，靠近村庄的居民使用流域内水源洗涤衣物，增加了磷污染；采样点附近还存在较多的禽畜养殖，产生的废水直接进入流域内。对于 TP 的污染特征，总体的变化趋势是桂柳运河支流＞下游＞中游＞上游。

2.3.2.3 全局自相关性 Global Moran's *I* 指数

使用 AcrGIS10.5 软件计算了奇峰河流域内水质参数的空间关联指数以及其他相关的参数，具体 Global Moran's *I* 指数见表 2-5。从表中可以看出，流域内的氮素均呈现出空间正相关的特点，即空间上越相近，其相关性越强。根据 Global Moran's *I* 指数大小排序，氮素的空间相关性的大小顺序为 NH_3-N＞TN＞NO_3-N＞NO_2-N。其中 NO_2-N 的 Global Moran's *I* 指数为 –0.006，表明空间呈负相关性，而其他参数均为空间正相关。其中，*Z* 得分表示标准差的倍数，*P* 值表示产生随机模式的概率[190]。从 *Z* 得分和 *P* 值的数值来看，NO_2-N 参数含量在空间上可能产生随机分布，随机概率为 99.2%，而 NO_3-N 有 0.9% 的机会产生随机分布。其他的水质参数 Z 得分均大于 0，不具备随机分布的可能性。其中 TN、TP 和 DP 的 Z 得分值较高，表明它们的空间分布存在较明显的聚类特征，特别是 TP。

表 2-5 Global Moran's *I* 指数及相关参数

参数	NO_2-N	NO_3-N	TN	NH_3-N	DP	TP
Global Moran's *I*	–0.006	0.100	0.338	0.361	0.400	0.435
Z 得分	–0.010	2.623	14.338	11.628	13.582	18.224
P 值	0.992	0.009	0	0	0	0

2.3.3 非点源氮磷的空间插值预测

由空间自相关性分析可知，奇峰河流域内氮磷含量在距离和方向上均存在空间自相关性，除了 NO_2-N 外（本章同样把 NO_2-N 的 OK 插值绘制出来），可以使用 OK 插值法进行内插或者外推，得到流域内氮磷污染的空间分布图。在流域内采用反距离权重插值和克里金插值法，利用 IDW 和 OK 方法，绘制奇峰河流域的氮素含量空间分布图，为后期的奇峰河 NPS 污染的关键污染区，以及全流域的情景模拟提供辅助对比验证。

2.3.3.1　氮素的 IDW 插值的空间分布图

IDW 插值结果如图 2-8 所示，由图可知，在流域内，NO$_2$-N 的空间分布较为均一，主要含量范围在 0.113～0.168 mg/L，占流域的主要部分。而 NO$_3$-N 的空间分布特异性强，古桂林运河支流上游的含量最低，流域上游次之，中游与下游位置的含量较为相似。而对于 NH$_3$-N 的空间分布，中游的含量最低，中游位置主要是耕作区，生活污水排放量少。而上游 12 号采样点附近的居民居住地、下游与古桂柳运河支流的污染最严重，这些均是村镇聚集的地方，生活污水和生活垃圾的排放较为严重，NH$_3$-N 来源于生活污水的排放。整体上 TN 是古桂柳运河支流与下游的污染最严重，上游的污染最轻。

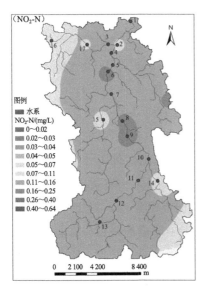
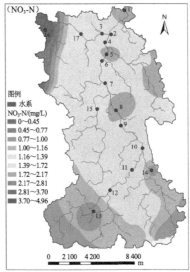

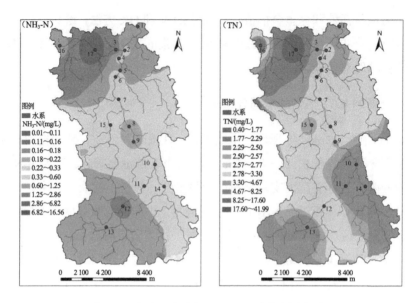

图 2-8 奇峰河流域氮素的 IDW 空间插值分布

2.3.3.2 氮素的 OK 插值空间分析

从图 2-9 可以看出,NO_2-N 的 OK 插值与前期的空间自相关性分析结果相同,插值出来后的空间分布不具备空间特异性,整个流域的含量范围是 0.169～0.259 mg/L,表明 NO_2-N 的稳定性,外界因素对其影响很小,是随机分布的。NO_3-N 的空间分布差异性较强,古桂柳运河支流的上游污染程度最低,其次是流域的上游部分,中游和下游的污染程度相当。出口处 1 号、5 号和 8 号采样点的污染最严重,这个与局部空间自相关性的类聚分布有所出入,再次验证了全局自相关性与局部自相关性对于流域空间分布的影响。对于 NH_3-N 的空间分布,中游的污染程度最低,其次是上游,污染严重的是古桂柳运河支流。TN 的空间分布特点是,以 17 号为中心向周围扩散的污染最严重,其次是下游,上游以及中游的污染程度最低。这与空间自相关性的分析做出的聚类分布图结果相同。

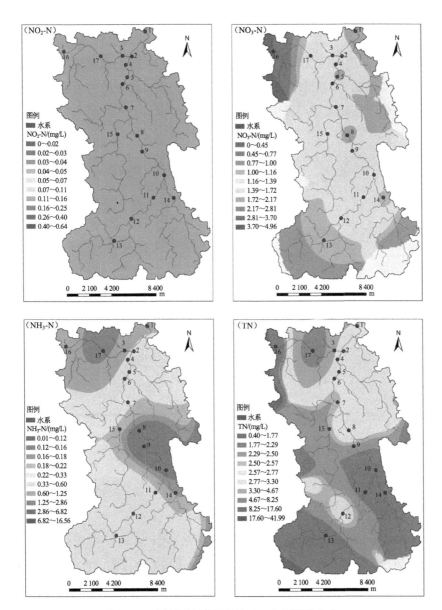

图 2-9　奇峰河流域氮素的 OK 空间插值分布

2.3.3.3 流域内磷素的 IDW 空间插值分析

磷素的 IDW 空间插值分布如图 2-10 所示，DP 与 TP 污染严重的区域相同，在古桂柳运河支流的 17 号采样点周围，古桂柳运河支流与下游的污染趋势相同，污染轻的位置位于流域上游以及中游。

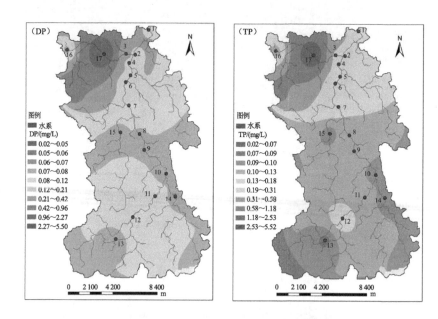

图 2-10　奇峰河流域磷素 DP 与 TP 的 IDW 空间插值分布

2.3.3.4 磷素的 OK 插值的空间分析

磷素的 OK 插值的空间分布如图 2-11 所示，DP 与 TP 的空间分布较为相似，污染严重的是古桂柳运河支流与下游，中游的污染最轻，而 TP 在上游位置的污染比 DP 严重。污染最严重的还是 17 号采样点，17 号采样点周围有许多养殖场，容易造成扩散污染。

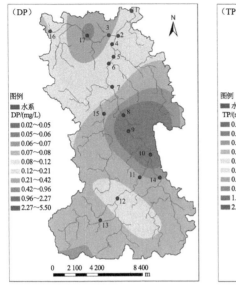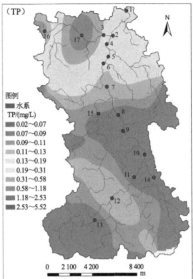

图 2-11　奇峰河流域磷素 DP 与 TP 的 OK 插值空间分布

通过对比 IDW 和 OK 的空间插值结果，比较均方根误差，可以发现，两种空间插值方法的效果相当，均方根误差与平均标准误差结果见表 2-6。从表中可以看出，除了 TN 和 NH_3-N 的插值效果较为不理想，其余指标的插值效果都很好，误差均小于 1，均方根误差值越小，表明插值效果越好。

表 2-6　均方根误差与平均标准误差统计结果

指标	IDW 插值	OK 插值	
	均方根误差	均方根误差	平均标准误差
NO_2-N	0.139	0.132	0.134
NO_3-N	0.779	0.761	0.769
NH_3-N	1.671	1.746	1.901
TN	3.670	3.916	2.202
DP	0.498	0.547	0.232
TP	0.495	0.521	0.294

2.3.4 流域水质评价

2.3.4.1 单因子水质评价结果

奇峰河流域 219 个样品中，对于 DO 指标，浓度越低表明水质越差，其中有 61 个样品为Ⅳ类水质，占比为 28%，有 14 个样品为Ⅴ类水质，占比为 6%。表明有 34%样品的 DO 浓度低于Ⅲ类水质标准，不能满足地表水饮用要求。pH 的范围是 6.5~8.5，满足地表水 6~9 的范围要求。氮素污染是整个流域污染最为严重的类型，对于 NH_3-N 指标，有 9%的样品超出了地表水Ⅴ类水质标准，7%的样品为Ⅳ类水质。而 TN 则有 95%的样品超出了Ⅲ类水质的标准，其中有 10%的样品为Ⅳ类水质，5%的样品为Ⅲ类水质，其余均为Ⅴ类水质，TN 的最大浓度超出Ⅲ类水质标准的 40 倍，说明流域受 TN 的污染最严重。对于 TP 的污染，共有 62 个（占 28%）样品的 TP 浓度超过了Ⅲ类水质标准，72%的样品达到Ⅲ类水质标准，其中Ⅰ类水质样品为 0.4%，Ⅱ类水质样品为 26%。

表 2-7 为奇峰河流域 17 个采样点在采样周期内的单因子水质的评价结果。由于单因子水质评价基于最差水质来判别水质的等级，因此在 221 个样品中，只有 13 个水样（其中 2 个断流）的水质达到Ⅲ类水质的标准，18 个样品为Ⅳ类水质，其余均为Ⅴ类水质，表明奇峰河流域的水质较差。在水质参数中，TN 的浓度最高，水质最差，因此 TN 是最严重的污染物。在奇峰河流域东北地区某高度管制的河流水质调查中同样发现，TN 是该河流水质的主要影响因子[191]。

表 2-7 单因子水质评价结果

采样点	2018 年			2019 年								
	3	8	12	3	4	5	6	7	8	9	10	11	12
1	Ⅴ	Ⅴ	Ⅴ	Ⅴ	Ⅴ	Ⅴ	Ⅴ	Ⅴ	Ⅴ	Ⅴ	Ⅴ	Ⅴ	Ⅴ
2	Ⅴ	Ⅴ	Ⅴ	Ⅴ	Ⅴ	Ⅴ	Ⅳ	Ⅲ	Ⅴ	Ⅴ	Ⅴ	Ⅴ	Ⅴ
3	Ⅴ	Ⅴ	Ⅴ	Ⅴ	Ⅴ	Ⅴ	Ⅴ	Ⅳ	Ⅴ	Ⅴ	Ⅴ	Ⅴ	Ⅴ
4	Ⅴ	Ⅴ	Ⅴ	Ⅴ	Ⅴ	Ⅴ	Ⅴ	Ⅴ	Ⅴ	Ⅴ	Ⅴ	Ⅴ	Ⅴ
5	Ⅴ	Ⅴ	Ⅴ	Ⅴ	Ⅴ	Ⅴ	Ⅴ	Ⅴ	Ⅴ	Ⅴ	Ⅴ	Ⅴ	Ⅴ
6	Ⅴ	Ⅴ	Ⅴ	Ⅴ	Ⅴ	Ⅴ	Ⅳ	Ⅳ	Ⅴ	Ⅴ	Ⅴ	Ⅴ	Ⅴ

采样点	2018 年			2019 年									
	3	8	12	3	4	5	6	7	8	9	10	11	12
7	V	V	V	V	V	V	IV	IV	V	V	V	V	V
8	V	V	V	V	V	V	V	V	V	V	V	V	V
9	V	V	V	V	V	V	V	V	V	IV	V	IV	IV
10	V	V	V	V	V	V	V	V	V	IV	IV	III	III
11	V	V	V	V	V	V	V	V	V	IV	V	III	IV
12	V	V	V	V	V	V	V	V	V	IV	V	断流	断流
13	V	V	V	V	V	V	V	V	V	IV	III	V	III
14	V	V	V	V	V	V	V	V	V	V	V	V	V
15	V	V	V	V	V	V	V	V	V	V	V	V	V
16	V	V	V	IV	IV	III	V	III	V	III	IV	IV	IV
17	V	V	V	V	V	V	V	III	V	V	V	V	V

表 2-4～表 2-7 是对奇峰河流域布置 17 个采样点的水质参数的描述性统计结果。变异系数 CV 说明了水质指标的变异性，可以减少因数据采集单位和均值差异造成的影响。表中选择的 7 个水质参数的变异系数范围是 0.017%～19.022%，其中 TN 的变异性最大为 19.022%，表明 TN 在全流域范围内的变异性较其他水质参数大，较易受到外界污染源的影响；而 NO_2-N 的变异系数最小，说明其不易受外界其他污染源的影响。

2.3.4.2　水质指数法评价结果

本章采用单因子指数法和水质平均污染指数法对奇峰河流域 2018—2019 年的水质数据进行评价。

（1）单因子指数评价结果

选取的单因子有 DO、pH、TN、NO_3-N、NH_3-N 和 TP，计算了奇峰河流域 17 个采样点的单因子指数值，结果见表 2-8～表 2-13，通过指数值对水质进行评价。

奇峰河流域 17 个监测点中进行 13 次采样共获得 219 个样品（其中 2 个断流），P_{DO} 指数值计算结果表明，根据地表水Ⅲ类水质标准，共有 77 个样品超出Ⅲ类水质标准，超标率为 35%。奇峰河小流域的 pH 范围是 6.73～8.52，单因子指数计算结果同样表明，奇峰河流域的 pH 符合地表水Ⅲ类水质标准（6~9）。P_{TN} 指数值计算结果表明，奇峰河流域共有 11 个样品未超出Ⅲ类水质标准，208 个样品超出了标准，超标率达到了 95%。在所有的采样周期和采样点中，TN 的超标率都超过了 90%，表明奇峰河流域受到 TN 的污染很严重。P_{TP} 指数值计算结果表明，奇峰河流域共有 66 个样品超出Ⅲ类水质标准，超标率为 30%。流域 17 个监测点中 2019 年进行 10 次采样共获得 168 个样品（其中 2 个断流），$P_{NH_3\text{-}N}$ 指数值计算结果表明，流域共有 27 个样品超出Ⅲ类水质标准，超标率为 16%。在采样周期内，17 个监测点的超标率最高的是丰水期的 3 月和 4 月，这是由于降雨径流带来了更多的营养物并进入水体，造成 $NH_3\text{-}N$ 浓度升高。

（2）水质平均污染指数法评价结果

本章选取了 DO、pH、TN 和 TP 4 个参数作为 2018 年的平均污染指数参数，DO、pH、TN、$NH_3\text{-}N$、$NO_3\text{-}N$ 和 TP 6 个作为 2019 年的平均污染指数参数，分别计算了奇峰河流域水质平均污染指数 WQI 值，并进行水质评价，计算结果见表 2-8，水质评价结果表 2-9。

表 2-8　奇峰河流域水质平均污染指数（WQI）计算结果

采样点	2018-3	2018-8	2018-12	2019-3	2019-4	2019-5	2019-6	2019-7	2019-8	2019-9	2019-10	2019-11	2019-12
1	1.757	2.047	1.455	1.000	1.251	0.872	0.917	0.841	0.954	1.678	0.953	1.121	0.927
2	1.597	1.779	1.257	0.771	1.065	0.699	0.532	0.495	0.858	0.639	1.005	1.130	1.053
3	1.798	1.855	1.315	1.349	1.097	0.944	1.341	0.663	1.074	1.275	1.363	2.908	2.538
4	1.700	1.498	3.107	0.588	1.259	0.718	0.802	0.890	0.793	0.657	0.792	0.941	0.923
5	1.112	1.418	2.045	0.634	1.233	0.769	0.736	0.914	1.060	0.852	1.166	1.143	1.166
6	1.450	1.335	1.752	0.689	0.978	0.655	0.476	0.665	0.967	0.889	0.964	0.527	0.707
7	1.194	1.362	1.496	0.564	0.912	0.634	0.488	0.861	0.836	0.707	0.919	1.043	0.970
8	1.663	1.137	1.466	0.944	1.331	0.935	0.742	0.835	0.711	0.608	0.808	0.619	0.680
9	1.485	1.165	1.383	0.723	1.086	0.985	0.743	0.789	0.697	0.458	0.615	0.374	0.514
10	1.487	1.044	1.275	0.764	1.081	0.886	0.764	0.778	0.758	0.455	0.492	0.211	0.321
11	1.567	0.926	0.959	0.865	1.147	0.832	0.839	1.062	0.578	0.451	0.555	0.244	0.462
12	1.706	0.983	1.112	1.441	1.586	1.110	1.398	1.151	0.824	0.470	0.826	0.247	0.247
13	1.310	1.108	0.989	1.235	1.476	0.964	0.834	1.081	0.614	0.401	0.396	0.274	0.424
14	1.535	0.998	0.942	0.686	0.999	0.716	0.639	0.901	0.707	0.586	0.546	0.504	0.524

采样点	2018-3	2018-8	2018-12	2019-3	2019-4	2019-5	2019-6	2019-7	2019-8	2019-9	2019-10	2019-11	2019-12
15	1.356	0.971	0.914	0.727	0.882	0.655	0.710	0.822	0.701	0.735	0.711	0.674	0.695
16	1.040	2.465	0.737	0.544	0.639	0.469	0.755	0.596	1.583	0.431	0.807	0.590	0.552
17	1.617	6.763	9.574	2.050	2.688	0.959	1.167	0.838	7.339	2.449	13.889	12.765	10.256

表 2-9　奇峰河流域水质平均污染指数评价结果

采样点	2018-3	2018-8	2018-12	2019-3	2019-4	2019-5	2019-6	2019-7	2019-8	2019-9	2019-10	2019-11	2019-12
1	V	V	V	V	V	V	V	IV	V	V	V	V	V
2	V	V	V	IV	V	IV	IV	III	V	IV	V	V	V
3	V	V	V	V	IV	IV	V	V	V	V	V	V	V
4	V	V	V	IV	V	IV	IV	V	IV	IV	IV	V	V
5	V	V	V	V	V	V	IV	V	V	V	V	V	V
6	V	V	V	IV	V	IV	IV	III	IV	V	V	IV	IV
7	V	V	V	IV	V	V	III	V	IV	IV	V	V	V
8	V	V	V	V	V	V	V	V	IV	V	IV	V	IV
9	V	V	V	V	V	V	V	V	V	III	V	III	IV
10	V	V	V	IV	V	V	V	IV	V	III	III	II	III
11	V	IV	V	IV	V	IV	V	V	V	III	IV	II	III
12	V	IV	V	V	V	V	V	V	V	III	IV	断流	断流
13	V	IV	V	IV	V	V	V	V	V	III	III	II	III
14	V	IV	IV	IV	IV	IV	V	V	IV	IV	IV	IV	IV
15	V	IV	IV	V	IV	V	V	V	IV	V	IV	IV	IV
16	V	IV	IV	V	IV	III	V	V	V	V	III	IV	IV
17	V	VI	VI	V	V	V	V	IV	VI	V	VI	VI	VI

由表 2-9 可以看出，分别有 1.4% 和 7.3% 的样品为 Ⅱ 类和 Ⅲ 类水质，39.3% 为 Ⅳ 类水质，49.3% 为 Ⅴ 类水质，2.7% 为 Ⅵ 类水质。由于 2018 年的水质数据缺少了 NH_3-N、NO_3-N 这两个指标，因此对水质评价的结果会稍微比 2019 年的结果严重。根据地表水水质平均污染指数水质分级的判定，流域仅有 1.4% 的水属于尚清洁，7.3% 的水体属于轻度污染，中度污染的比例达到了 39.3%，而将近半数（49.3%）监测点的水体为重度污染，2.7% 的水体为严重污染。水质平均污染评价的结果表明奇峰河流域内水体的氮磷污染较为严重，平均污染指数能够更全面真实地反映流域的水质污染状况，相比于评价结果更武断的单因子指数，该评价更为客观。

2.3.5　流域氮磷营养盐限制因子研究

受纳水体接收氮磷输入负荷的比值关系是通过氮磷的相对丰度（TN/TP）来表征的，能够反映营养物输入对流域水体营养结构的影响[192]。基于前人的研究，如果 TN/TP 小于 10，则认为水生生态系统中 N 受到限制；如果该比值大于 20，则认为 P 受限制；当比值为 10～20 时，会出现 N、P 共限制[193]。

奇峰河流域营养盐 TN/TP 的比值见表 2-10，在采样的 219 个样品中，有 12% 的样品处于 N 限制状态，41% 的样品处于 N、P 共同限制状态，46% 的样品处于 P 限制状态。采样点 9 号与 10 号处于最强的 P 限制状态，最高 TN/TP 分别为 106.799 和 108.887，远高于 20。研究表明，P 是藻类生长的主要限制因子[194]，而流域内的营养盐限制因子是 P，结论与实地调研中观察到的现象一致，流域富含 P 从而促进了藻类、浮萍以及凤眼莲的生长，这些都表明奇峰河流域是 P 限制状态。与其他流域相比，丹江口水库支流的全年平均 TN/TP 为 12.80，主要是 N 限制状态。汉丰湖的水体 TN/TP 高达 105.38，与本章研究结论相似，主要处于 P 限制状态[195]。此外还有其他流域同样处于 P 限制状态，Mamun 等[196]对韩国不同功能水库的营养盐结构调查发现，P 是主要的营养限制因子。

表 2-10　奇峰河流域营养盐 TN/TP 比值

采样点	2018-3	2018-8	2018-12	2019-3	2019-4	2019-5	2019-6	2019-7	2019-8	2019-9	2019-10	2019-11	2019-12
1	11.030	16.478	20.019	14.846	10.235	9.149	16.513	13.680	20.945	13.834	21.513	11.789	26.986
2	12.438	14.783	20.006	12.543	9.084	12.407	22.352	15.117	15.143	11.789	22.125	18.538	28.812
3	19.934	11.257	28.659	7.500	11.373	6.815	12.911	8.742	8.262	12.759	12.443	16.070	30.042
4	12.437	15.549	8.133	14.001	10.946	16.092	25.044	16.980	18.828	16.736	18.504	14.087	21.230
5	11.255	18.815	62.589	19.658	6.533	18.557	20.067	13.456	28.506	19.875	20.017	10.662	15.071
6	13.487	17.487	29.166	19.225	15.094	11.409	17.642	12.493	33.510	31.101	34.614	15.624	21.628
7	13.203	17.586	42.212	18.447	9.979	7.895	21.809	32.733	33.826	16.351	31.583	17.371	19.822
8	13.503	24.153	31.903	37.739	14.514	15.714	37.869	33.570	62.758	76.651	55.726	50.613	49.578
9	9.726	18.705	36.647	29.022	11.290	12.350	46.204	29.641	106.799	71.293	47.107	23.711	41.406
10	19.264	23.691	24.855	24.393	18.029	17.679	29.150	20.515	108.887	62.961	23.161	6.335	12.417

采样点	2018-3	2018-8	2018-12	2019-3	2019-4	2019-5	2019-6	2019-7	2019-8	2019-9	2019-10	2019-11	2019-12
11	15.408	35.351	12.740	22.368	12.035	12.289	37.150	10.052	85.471	45.749	32.101	15.506	40.502
12	18.713	27.125	21.523	27.370	22.886	24.662	33.555	6.413	33.479	13.358	62.924	—	—
13	15.034	28.481	21.341	34.389	28.236	22.401	27.818	28.712	38.960	22.537	20.096	14.869	13.412
14	19.460	27.519	21.908	20.938	28.492	17.218	20.833	21.714	35.141	28.286	39.597	34.256	27.579
15	15.741	24.532	20.706	19.967	25.639	17.142	23.343	19.121	24.413	31.855	35.706	44.019	52.792
16	10.282	28.744	57.729	17.272	13.816	14.161	44.225	5.212	29.957	13.267	16.731	16.348	10.808
17	7.535	17.976	4.754	6.762	7.354	5.876	9.355	5.041	4.021	5.188	7.600	6.997	9.247

2.3.6　流域水体污染来源初步分析

水体污染源解析的研究主要采用受体模型,能够判别污染物的来源并计算污染源的贡献率。本章采用 PCA 进行奇峰河流域内关键指标及污染源的初步分析。根据时间、空间和污染源的相似性,PCA 将水质指标转化为几个相互独立的主成分因子。

2.3.6.1　相关性分析

本节运用 Spearman 相关性分析方法对奇峰河流域检测的 8 个水质参数的相关性进行分析,结果见表 2-11。从表中可以看到,水温与 pH 呈显著性正相关($P<0.05$),与 DO、NO_3-N 呈显著性负相关($P<0.001$);pH 与 TN 呈显著性负相关($P<0.005$),与 DO、TP 呈极显著性正相关;DO 与 NO_3-N、NO_2-N($P<0.001$)呈极显著性正相关,这是由于硝化作用与反硝化作用均与氧气相关导致的;NH_3-N、DP、TP、NO_3-N、NO_2-N 与 TN 都呈现极显著性相关($P<0.001$),表明 NH_3-N、NO_3-N、NO_2-N 的污染源相同,DP 与 TP 是同污染源,这部分污染物来自农业面源污染,主要为农业生产活动的施肥;NO_2-N 与 NO_3-N 呈极显著性相关($P<0.001$),体现了硝化作用与反硝化作用过程。

表 2-11　奇峰河流域中各水质参数的 Spearman 相关关系

参数	水温	pH	DO	TN	TP	NH₃-N	NO₂-N	NO₃-N
pH	0.135*							
DO	−0.261**	0.192**						
TN	−0.081	−0.151*	0.027					
TP	0.067	0.198**	0.018	0.665**				
NH₃-N	0.137	0.016	0.026	0.522**	0.658**			
NO₂-N	0.043	−0.043	0.333**	0.309**	0.182*	0.063		
NO₃-N	−0.175*	0.142	0.252**	0.655**	0.378**	0.097	0.214**	
DP	0.114	0.085	0.070	0.665**	0.981**	0.675**	0.188*	0.393**

注：*表示双侧检验的显著性水平达到了 0.05。**表示双侧检验的显著性水平达到了 0.01。

2.3.6.2　主成分分析

根据水质参数相关性分析可知，参数指标之间显著相关，对参数数据进行 Kaiser-Meyer-Olkin（KMO）和 Bartlett 球形检验，KMO 值为 0.752，大于 0.5，Bartlett 球形检验值为 36（$P < 0.001$），表明可以进行 PCA 分析。根据特征值>1 的原则，提取了 3 个主成分因子，解释了总体方差的 76.64%，表明提取的成分因子可以代表流域内的污染源。特征值如图 2-12 所示，选取奇峰河流域的主成分因子个数为 3，各主成分特征向量及方差贡献率见表 2-12。

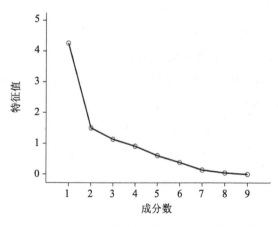

图 2-12　奇峰河流域水质参数的主成分特征值曲线

表 2-12　奇峰河流域水质参数的主成分矩阵荷载

参数	成分		
	PCA1	PCA2	PCA3
水温	−0.011	−0.393	0.843
pH	−0.406	0.159	0.521
DO	−0.604	0.572	−0.023
TN	0.963	0.130	0.011
TP	0.978	0.031	0.063
NH_3-N	0.938	0.074	0.030
NO_2-N	0.097	0.616	0.382
NO_3-N	0.120	0.772	0.024
DP	0.968	0.030	0.068
特征值	4.253	1.507	1.138
总变异/%	47.255	16.741	12.644
累计变异/%	47.255	63.996	76.640

由表 2-12 可知，在奇峰河流域内，PCA1 在参数 NH_3-N、TN、DP 和 TP 上均有较强的正荷载，PCA1 表明这个因子属于典型的混合污染源。奇峰河流域是典型的农业型小流域，流域内的农业生产活动强，NH_3-N、TN、DP 和 TP 上的强荷载表明，该污染源可以判断为农业 NPS 污染中的禽畜养殖和农村生活污水。流域周边的畜禽养殖产生的排泄物以及饲料中含有丰富的氮素，同时禽畜养殖均为开放式养殖，排泄物直接进入地表土壤以及流域。因此 PCA1 反映了农业面源污染中的畜禽养殖和农村生活污水，主要体现了水体中有机污染状况。对洪泽湖的水质调查也发现，禽畜养殖与水产养殖是洪泽湖水质的影响因素[197]。

PCA2 解释了总体方差的 16.741%，DO、NO_3-N、NO_2-N 有较强的正荷载，PCA2 为 NO_3-N、NO_2-N，硝化与反硝化作用与氧气密切相关，表征水体中含有好氧性有机污染物。研究[198]表明水体中氮素的来源主要有农业活动的化肥流失、动物排泄物和生活污水等。此外，农业面源流失的磷容易被底泥拦截，并随着地表径流排放到附近的河流[188]。研究区是典型的农业型小流域，流域内的农业生产活动强，因此 PCA2 反映农业生产活动中的面源污染。巴西东北部的一条河流的氮磷污染也来源于农业生产活动[199]。

PCA3 解释了总体方差的 12.644%，水温与 pH 在 PCA3 上有较强的正载荷，水温与 pH 均不属于污染物，pH 与水体内的 K^+、Na^+、Mg^{2+} 等阳离子浓度相关，可将 PCA3 定义为气象与自然因素。

在其他流域水体中，使用 PCA 的方法也得到了与本书相似的结果[200-202]。

图 2-13 展示了各水质参数之间的空间相关性，越相互靠近的参数相关性越高，与 2.3.6.1 节的 Spearman 相关性分析结果相同，两者互为验证。

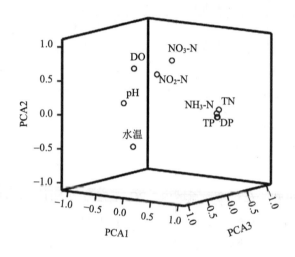

图 2-13   奇峰河流域水质参数的主成分因子相关性

2.4   奇峰河流域土壤非点源氮磷分布特征

土壤是陆地生态系统中 N、P 等各种元素的主要存储库[203]，而 N、P 则被认为是土壤质量评估的重要指标，能够表征土壤对植物养分的供给能力，同时也是反映水环境风险的重要参数[204]。N、P 在土壤中的积累能够提高作物 N、P 的供应能力，但是过量的 N、P 在土壤中的积累会通过地表径流流失到周围的水体，会增加水体中 N、P 含量，导致或者加速水体的富营养化进程。2019 年 3—12 月，以月为间隔，本书课题组采集了 10 次土壤样品，分析了 4 种土地利用类型下不同形态 N、P 的含量，探讨土壤中 N、P 的时空分布规律，揭示流域土壤养分的空间分布异质性。

2.4.1　土壤实测氮素时空分布特征

2.4.1.1　NO$_3$-N 流失含量时空分布规律

奇峰河流域各土地利用类型下，NO$_3$-N 的时间分布趋势如图 2-14～图 2-17 所示。NO$_3$-N 在不同土地利用类型下的流失含量大小顺序为水田＞旱地＞果园＞草地，耕地土壤中 NO$_3$-N 含量高于荒地和园地，草地上的 NO$_3$-N 含量随着时间变化没有明显的变化趋势，未出现较大的波动。含量最大的是 11 月，含量最小的是 9 月。果园 1 内的 NO$_3$-N 含量在丰水期的 7～9 月较高，平水期和枯水期的含量有一定差距。在旱地和水田的耕地土壤中，采样点之间存在空间差异性，这是由于旱地上的作物会进行轮耕，复种指数高，不同作物之间的管理措施不相同，施肥量以及施肥种类不相同，因此会造成 NO$_3$-N 含量变化不一。水田的 5 个采样点中，前两个采样点在 6 月达到最小值，其他时间段的含量均没有很大的变化。不同的土地利用方式下，不同的植被覆盖，对于径流的阻滞效果不同，因此 NO$_3$-N 的含量变化也不相同。单因素方差分析显示 NO$_3$-N 与土地利用方式之间存在显著相关性，F=5.698，P=0.001＜0.05，张铁钢[205]在丹江小流域的氮磷输沙流失特征研究中，也有类似的结论。前人的研究表明[206]，农业喀斯特流域每年大约 96%的硝酸盐通量发生在雨季，并且在雨季早期的前几次降雨事件中硝酸盐通量急剧增加。

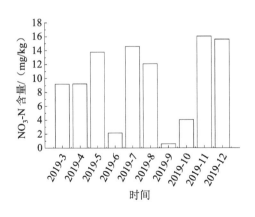

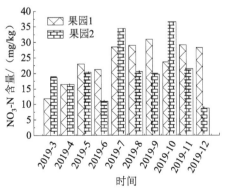

图 2-14　草地的 NO$_3$-N 随时间变化　　　　图 2-15　果园的 NO$_3$-N 随时间变化

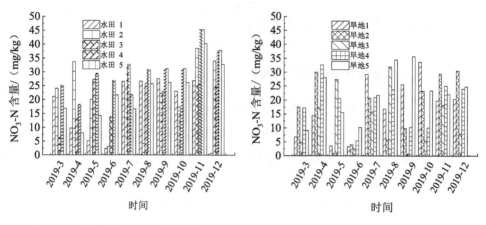

图 2-16　水田的 NO₃-N 随时间变化　　　　图 2-17　旱地的 NO₃-N 随时间变化

流域内 NO₃-N 的平均含量空间分布如图 2-18 所示，平均含量（29.57 mg/kg）最大的是 12 号采样点，该采样点的土地利用类型为水田。平均含量（9.73 mg/kg）最小的是 1 号采样点，土地利用类型为草地。

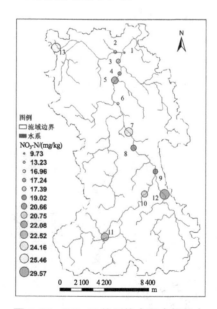

图 2-18　NO₃-N 的平均含量空间分布

2.4.1.2　NO_2-N 流失含量时间变化规律

各土地利用类型下，NO_2-N 的时间分布趋势如图 2-19～图 2-22 所示。NO_2-N 在不同土地利用类型下的流失含量大小顺序为水田＞旱地＞果园＞草地，草地上的 NO_2-N 含量在丰水期最高，果园的 2 个采样点 NO_2-N 在 7 月达到最高；果园 1 号采样点与 2 号采样点之间存在差异性，1 号采样点的含量变化较大，2 号采样点的含量变化相对较小；水田的 NO_2-N 含量存在明显的季节变化趋势，4 月达到最高值，因为 4 月正好是水稻的播种季节与施肥时间，4—8 月是奇峰河流域的汛期，NO_2-N 在汛期含量增大；水田各采样点之间的空间差异性变化不大；旱地各采样点的 NO_2-N 空间差异性变化较大，汛期的 NO_2-N 最高。旱地各采样点之间的空间差异性较大，旱地作物进行了轮耕以及部分进行了套种，因此造成了 NO_2-N 的增幅变化不一。单因素方差分析显示 NO_2-N 与土地利用方式之间存在显著相关性，$F=6.221$，$P=0.001<0.05$。

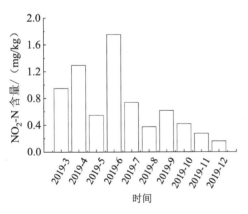

图 2-19　草地的 NO_2-N 随时间变化

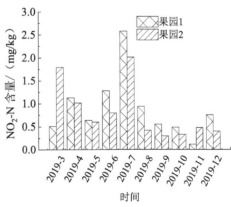

图 2-20　果园的 NO_2-N 随时间变化

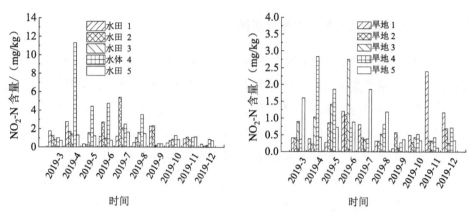

图 2-21　水田的 NO₂-N 随时间变化 　　　　图 2-22　旱地的 NO₂-N 随时间变化

流域内土壤 NO₂-N 平均含量空间分布如图 2-23 所示，平均含量（3.10 mg/kg）最大的是 12 号采样点，该采样点的土地利用类型为水田；而平均含量（0.52 mg/kg）最小的是 4 号采样点，土地利用类型为旱地。

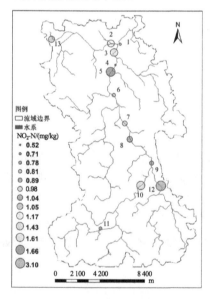

图 2-23　NO₂-N 的平均含量空间分布

2.4.1.3　NH$_3$-N 流失含量时间变化规律

不同土地利用类型的植被覆盖下，NH$_3$-N 的时间分布趋势如图 2-24～图 2-27 所示。NH$_3$-N 在不同土地利用类型下的流失含量大小顺序为水田＞旱地＞果园＞草地，草地上 NH$_3$-N 的含量在 11 月达到最大值，5 月达到最小值；果园中两个采样点之间存在较大的空间差异性，1 号采样点的含量在汛期最小，枯水期最大，而 2 号采样点在 4 月、12 月达到最大值，根据当地的作物管理规划，这两个月是果园施肥的时间；水田各采样点的 NH$_3$-N 含量在 8—10 月达到最高，其他时间段的含量均变化较小，此外，2 号采样点在 6 月也显示较高水平；旱地上各采样点的 NH$_3$-N 含量在一整年的时间内，呈现正态分布的趋势：两端含量低、中间含量高，8 月达到最大含量，旱地的各采样点之间存在较大的空间差异性。单因素方差分析显示 NH$_3$-N 与土地利用类型之间并不存在显著相关性，F=1.25，P=0.29＞0.05，这是由于铵态氮主要是土壤中死去动植物的生物降解形成的有机氮，最终水解成 NH$_4^+$，以及与土壤的腐殖质相关，而与土地利用类型的相关性更弱。

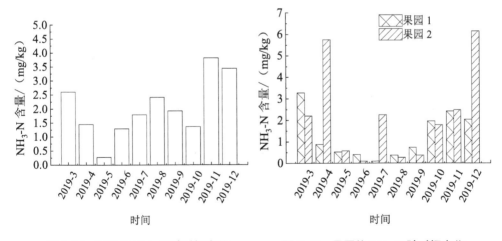

图 2-24　草地的 NH$_3$-N 随时间变化　　　图 2-25　果园的 NH$_3$-N 随时间变化

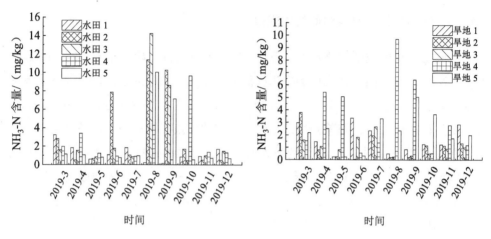

图 2-26　水田的 NH₃-N 随时间变化　　图 2-27　旱地的 NH₃-N 随时间变化

　　流域内 NH₃-N 的平均含量空间分布如图 2-28 所示，平均含量（3.71 mg/kg）最大的是 5 号采样点，该采样点的土地利用类型为水田。平均含量（1.08 mg/kg）最小的是 4 号采样点，土地利用类型为旱地。

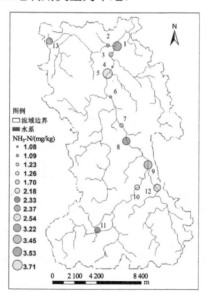

图 2-28　NH₃-N 的平均含量空间分布

2.4.1.4　TN 流失含量时空变化规律

各土地利用类型下，TN 的含量随时间变化规律如图 2-29～图 2-32 所示。TN 在各土地利用类型下的流失含量大小顺序为水田＞果园＞旱地＞草地，草地上 TN 含量的最大值出现在 11 月，为 5.39 g/kg；果园 5 个采样点的 TN 变化在时间上有差异，在空间上未表现较大的差异性，TN 含量的最大值出现在旱地 1 号采样点的 11 月；水田中 5 个采样点的 10 次采样含量均较高，且含量值较为稳定；水田 3 号与 5 号采样点的含量较其他 3 个采样点的总体含量小，因此存在空间差异性；旱地内的 TN 空间变化差异大，不同采样点的时间变化也不相同，因为旱地上的作物有着很大的变化，耕作方式、施肥量、施肥时间等不同，因此具有较大差异性。综上所述，不同的土地利用植被覆盖下，不同的土壤，TN 含量变化趋势不同，而土壤中矿质氮素的溶解导致 TN 含量不相同。单因素方差分析显示 TN 与土地利用类型之间存在显著相关性，$F=3.09$，$P=0.03<0.05$。孙骞等[207]在黄土丘陵小流域土壤的研究中发现 TN 与土地利用类型呈显著相关。

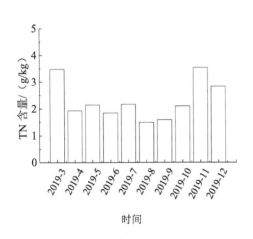

图 2-29　草地的 TN 随时间变化

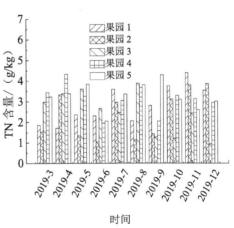

图 2-30　果园的 TN 随时间变化

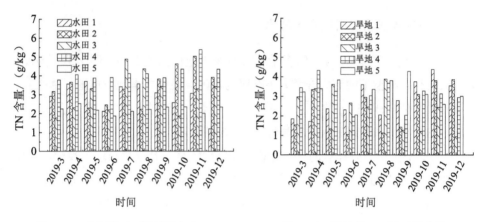

图 2-31 水田的 TN 随时间变化   图 2-32 旱地的 TN 随时间变化

流域内土壤 TN 的平均含量空间分布如图 2-33 所示，平均含量（4.18 g/kg）最大的是 12 号采样点，该采样点的土地利用类型为水田。平均含量（2.22 mg/kg）最小的是 13 号采样点，土地利用类型为水田。和前人[208]在桂林市的土壤氮磷研究对比，桂林市会仙湿地周边土壤的 TN 含量范围是 1.22～3.86 g/kg，本章最大的含量高出 0.32 g/kg。

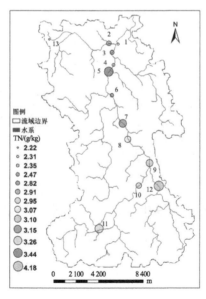

图 2-33 TN 的平均含量空间分布

2.4.2　土壤实测总磷时空变化特征

不同土地利用类型下，各采样点的 TP 时空变化规律如图 2-34～图 2-37 所示。TP 在各土地利用类型下的流失含量大小顺序为果园＞旱地＞水田＞草地，草地上的 TP 含量最大值在 11 月，为 1.49 g/kg，7 月的含量最低，为 0.46 g/kg；果园的两个采样点存在空间差异性，2 号采样点的 TP 含量小于 1 号采样点，最大值在 7 月，含量为 2.01 g/kg，随着时间变化差异不大，1 号采样点 TP 含量的最大值在 3 月，为 2.71 g/kg，而最小值在 7 月，为 1.82 g/kg；5 个水田采样点的时间变化差异较大，水稻是一年两季，水田中 TP 含量高的月份均在水稻的施肥期，3 号采样点的含量变化不大，较为稳定；水田中含量最大的是 5 月份的 4 号采样点，为 3.66 g/kg。旱地中 5 号采样点总体 TP 含量最少。

不同土地利用类型下 TP 流失的起始含量均不相同，增加的幅度也存在明显的差异，原因可能是不同的植被覆盖下，地表径流的流量不相同，经过作物拦截稀释作用从而导致 TP 的流失含量大小不同[209]。单因素方差分析显示 TP 与土地利用类型之间存在显著相关性，$F=6.777$，$P=0.00<0.05$。

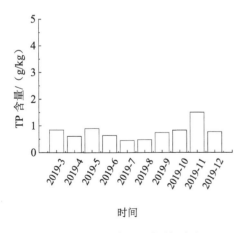

图 2-34　草地的 TP 随时间变化

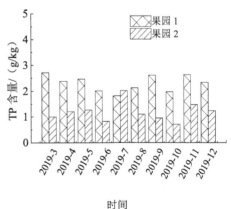

图 2-35　果园的 TP 随时间变化

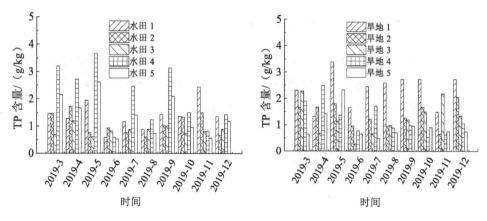

图 2-36 水田的 TP 随时间变化　　　　图 2-37 旱地的 TP 随时间变化

流域内土壤 TP 的平均含量空间分布如图 2-38 所示，平均含量（2.34 g/kg）最大的是 3 号采样点，该采样点的土地利用类型为旱地。平均含量（0.69 g/kg）最小的是 1 号采样点，土地利用类型为草地。李晖等[208]对桂林市会仙湿地周边土壤的研究发现，TP 的含量范围是 4.31～5.35 g/kg，本章研究的 TP 含量低于其平均值。

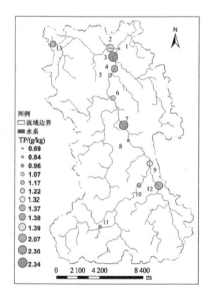

图 2-38 TP 的平均含量空间分布

2.4.3　土壤氮磷空间插值预测分析

2.4.3.1　氮素的 IDW 与 OK 空间插值

将流域内氮素的两种空间插值方法进行对比分析（图 2-39～图 2-42），结果显示，IDW 插值的趋势面更显示出空间差异性以及含量的梯度特点，IDW 插值结果显示流域上游位置的土壤氮素（NO_2-N、NO_3-N 与 TN）含量最高，而 NH_3-N 含量高的地方均分布在村庄周围，村庄内禽畜养殖较多且为开放式养殖，这也说明了 NH_3-N 的来源与动物禽畜等的粪便及尿液相关；而 NO_2-N 与 NH_3-N 的 OK 空间插值的趋势面为单一的含量趋势。NO_3-N 与 TN 则预测出 3 个含量范围，空间概化程度较高。

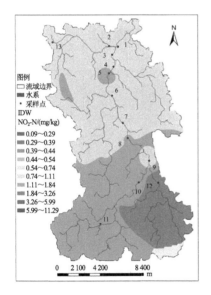
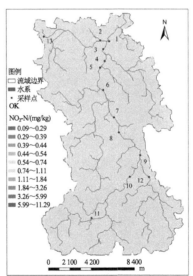

图 2-39　NO_2-N 的 IDW 与 OK 空间插值对比

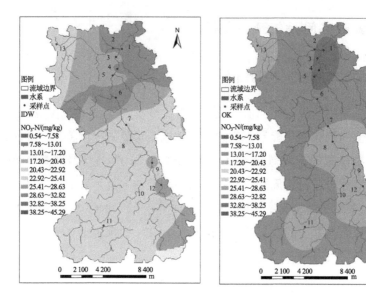

图 2-40　NO_3-N 的 IDW 与 OK 空间插值对比

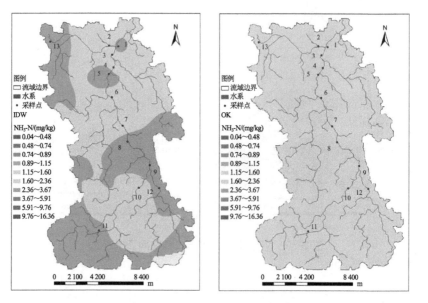

图 2-41　NH_3-N 的 IDW 与 OK 空间插值对比

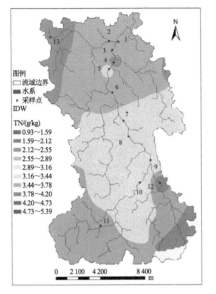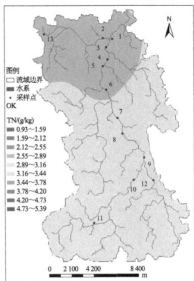

图 2-42　TN 的 IDW 与 OK 空间插值对比

2.4.3.2　磷素的 IDW 与 OK 空间插值

流域内磷素的两种空间插值方法的空间预测如图 2-43 所示，IDW 的插值结果更能体现 TP 的含量梯度，具有明显的空间差异性。采样点 3 号、7 号、12 号的含量最大，而 OK 的插值结果显示 TP 仅处于一个含量范围，为 1.62～1.99 g/kg，未体现空间差异性。

通过对比两种空间插值预测结果以及均方根误差可以发现，IDW 的插值预测结果比 OK 的插值预测效果要好，且 IDW 的空间插值预测图的可视化更为理想（表 2-13）。

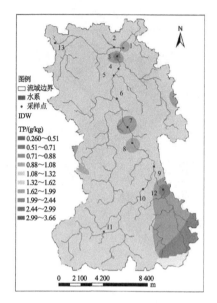 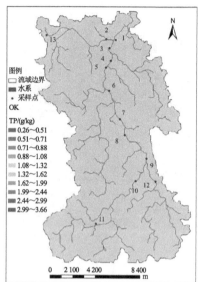

图 2-43　TP 的 IDW 与 OK 空间插值对比

表 2-13　均方根误差与平均标准误差统计结果

指标	IDW 插值	OK 插值	
	均方根误差	均方根误差	平均标准误差
NO$_2$-N	1.43	1.49	1.06
NO$_3$-N	10.26	10.25	0.47
NH$_3$-N	2.75	2.81	0.77
TN	0.89	0.91	0.84
TP	0.63	0.63	0.96

2.5　本章小结

　　本章首先运用 ArcGIS 软件对流域内水体与土壤进行水质指标空间自相关性分析、全局趋势分析以及反距离权重插值、克里金插值的效果分析，其次采用单因子指数法、水质平均指数法对流域水质进行污染等级评价，以及流域营养盐因子研究，最后采用 Spearman 相关性分析、主成分分析方法对水体 N、P 污染物来源进行初步解析，使用单因素方差分析土壤与土地利用类型的输出关系，结论如下。

1）奇峰河流域枯水期的水质污染程度高于丰水期与平水期，各监测点的水质具有明显的空间差异性。奇峰河流域内的 N、P 污染呈现一定的空间趋势性、空间自相关性及聚类性特征。N、P 在空间上的污染特征为上游污染程度低，下游污染最严重。两种空间插值方法的插值效果没有明显的区别，而 NO_2-N 的 OK 插值更接近空间自相关性的结果。

2）流域内水质评价结果表明，水体 N、P 污染严重，氮素是奇峰河流域内最主要的污染物，其 TN 含量超出了地表水Ⅲ类水质标准的 40 倍，采样点的综合水质超标率达 91%。Spearman 相关性分析结果表明，各水质参数之间存在相关性。通过主成分分析，奇峰河流域污染的主要控制因子是农业 NPS 污染，禽畜养殖与农村生活污水需作为主要控制对象。

3）奇峰河流域内不同土地利用类型下土壤的监测结果显示，NO_3-N 在不同土地利用类型下的流失含量大小顺序为水田＞旱地＞果园＞草地；NO_2-N 的流失含量大小顺序为水田＞旱地＞果园＞草地；NH_3-N 的流失含量大小顺序为水田＞旱地＞果园＞草地；TN 的流失含量大小顺序为水田＞园地＞旱地＞草地；TP 的流失含量大小顺序为果园＞旱地＞水田＞草地。在氮素流失的过程中，NO_3-N 是氮素流失的主要形态，而通过 NH_3-N 流失的氮素量比较小。耕地是 NPS 污染的主要来源。

4）土壤的 IDW 插值结果优于 OK 的插值结果，IDW 插值更能体现土壤 N、P 的空间差异性。单因素方差分析显示土壤 N、P 中除了 NH_3-N，其他均与土地利用类型呈显著相关性。

第3章 奇峰河流域非点源氮磷分布模型参数优化

NPS 污染是继点源污染得到治理后对流域水体威胁较大的又一污染类型，已成为流域水体污染治理的主要目标[210]。农业 NPS 污染常见的污染物来源主要有耕作施肥、杀虫剂、农药等，而农业活动对于 NPS 污染的"贡献"又是复杂的[211]，因此模拟 NPS 污染负荷产生迁移的物理过程，能够对治理 NPS 污染起到重要作用。国外运用计算机模型模拟 NPS 污染起步较早，技术较为成熟，已经广泛应用于模拟各流域的 NPS 污染[212-214]。我国对于 NPS 污染的研究起步较晚[215]，前期的研究者是直接使用模型自带的参数应用于我国其他地区的研究。随着 SWAT、HSPF、AnnAGNPS 等模型在我国的推广使用，运用模型对 NPS 污染的研究也越来越成熟。许多学者使用 AnnAGNPS 模型对我国非岩溶地区各流域进行了适用性研究，九江小流域[143]、珠江三角洲小流域[147]、三峡库区流域[162, 216]、黄土丘壑小流域[140]、非岩溶地区流域的地表径流适用性研究表明，AnnAGNPS 模型自带的参数不能直接应用于我国小流域，需要对模型参数进行调整，优化取值范围，才能应用于我国流域的 NPS 污染模拟。

桂林市奇峰河流域地处西南岩溶地区，AnnAGNPS 模型在其他非岩溶流域有着广泛的应用，但是对岩溶地区小流域的 NPS 污染研究颇少，而 AnnAGNPS 模型是否适用于西南典型岩溶地区的小流域的模拟，有待进一步验证。如何优化模型的参数以及取值范围，是验证其在奇峰河流域的适用性的关键，参数敏感性分析为优化参数提供参考依据。因此本章选取西南岩溶地区桂林奇峰河流域为研究对象，进行 AnnAGNPS 模型的适用性以及参数敏感性分析研究，具有理论可行性

与现实意义。基于模型基础数据及第 2 章的水质数据优化完善模型，AnnAGNPS
模型对于地表径流的模拟，将会填补地处西南岩溶区的桂林市小流域数值模拟
的空白，可进一步应用于 NPS 污染的模拟，为治理岩溶地区 NPS 污染提供科学
依据。

3.1　模型数据库建立

AnnAGNPS 模型需要两大类的数据：空间数据与属性数据。模型中各类数据
库的建立及基础数据的获取主要通过以下途径：

1）走访农户进行调查与拜访相关单位进行资料收集，获取相关参数，包括农
作物的管理参数、化肥施用量等参数；

2）野外采样监测水体与土壤，实验室分析获取水质参数，如 NPS 污染各形
态氮磷浓度、土壤的理化属性等；

3）通过对模型进行流域边界信息的提取，获得如坡度、坡长、坡向、流域集
水单元格面积等地理信息参数；

4）结合国内其他流域中已有的文献资料，借鉴相关的经验参数等，以此确定
一些不易获取和确定的参数。

3.1.1　空间数据库建立

AnnAGNPS 模型需要的空间数据主要有数字高程模型（DEM）数据、土壤类
型图、土地利用分布图等。表 3-1 为模型需要的空间数据类型及来源。

表 3-1　模型需要的空间数据

序号	数据名称	数据格式	数据说明	数据来源
1	桂林市的数字高程数据 30×30（DEM）	ESRI GRID/TIF	流域边界的确定，用于河网自动生成，子流域的划分，地形坡度计算	地理空间数据云
2	桂林市的土壤类型图	Shape file	分配集水单元格的土壤类型	国家地球科学系统数据共享平台

序号	数据名称	数据格式	数据说明	数据来源
3	桂林市的土地利用类型图	Shape file	分配集水单元格的土地利用类型	地理空间数据云遥感影像后人工目视解译
4	桂林市行政区域图	Shape file	确定行政范围	地理空间数据云

3.1.1.1　数字高程模型

　　数字高程模型（Digital Elevation Model，DEM）数据下载自中国科学院计算机网络信息中心地理空间数据云（www.gscloud.cn），由于研究区面积中等，因此选取了空间分辨率为 30 m×30 m 的分幅 GDEM 数据源。

　　本章首先利用地理信息系统软件 ArcGIS10.5 对在地理空间数据云下载的分幅 DEM 数据进行拼接与邻域分析，得到研究区域会仙湿地流域的 DEM 数字高程模型，创建后的 DEM 数据如图 3-1 所示。由于 TopAGNPS 中使用的 DEM 数据格式为二维 ASCII 的数据，因此需要将 DEM 的 TIF 格式转换成 ASCII 格式。

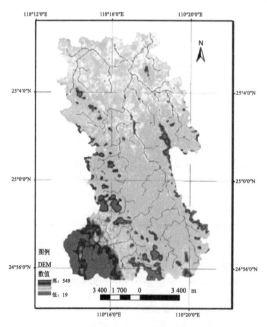

图 3-1　奇峰河流域 DEM 与水系

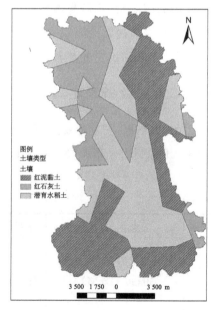

图 3-2　奇峰河流域土壤类型

3.1.1.2　土壤类型数据

土壤数据下载自中国土壤数据库（http://vdb3.soil.csdb.cn/），采用第二次全国土壤普查的数据。研究区土壤类型分布如图 3-2 所示，奇峰河流域内的土壤类型主要有红泥黏土、红石灰土与潜育水稻土。

3.1.1.3　土地利用类型数据

在地理空间数据云下载遥感影像，选取波段 3（R）、2（G）、1（B）合成影像，通过 ENVI4.8 遥感影像处理软件作几何校正，并在 ArcGIS10.5 软件中进行人机交互解译，得到研究区奇峰河流域土地利用类型图。在 ArcGIS10.5 对土地利用类型图进行重分类，然后将研究区域的边界图与土地利用类型图进行叠加分析，得出奇峰河流域的土地利用分布图，如图 3-3 所示。奇峰河流域的土地利用主要分为 6 个等级，耕地分为水田与旱地，各占流域面积的 19.79%和 25.59%，果园占 14.72%，林地占 25.57%。

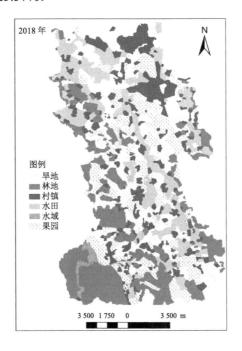

图 3-3　奇峰河流域土地利用类型

3.1.2　属性数据库建立

AnnAGNPS 需要的属性数据主要包括土壤属性数据、植被属性数据、作物管理数据等。

3.1.2.1　土壤属性数据

AnnAGNPS 模型需要的土壤属性数据主要见表 3-2～表 3-4，数据来自第二次全国土壤普查数据，土壤水文特性参数主要使用 SPAW 软件的 Soil Water Characteristics 图形计算模块进行计算，这个模块主要用来估算土壤剖面的持水特性以及水分传导特性，模型由美国农业部自然资源保护局全国土壤调查实验室提供的 1 722 个土壤样品建模得到，可以适用于所有黏粒含量小于 60%的土壤。

表 3-2　奇峰河流域研究区红泥黏土土壤属性值

土层数量	土壤ID	土层深度/cm	容重/(lb①/ft³)	黏粒率/%	淤泥率/%	沙土率/%	碎石率/%	极细土率/%	饱和导水率/%	田间持水力/%	凋萎点/%	湿润度/%	pH	有机质含量/%
1	A	20	72.58	53.8	16.4	29.8	0	18.6	0.51	44.3	32.0	32.0	5.3	2.5
2	A	57	78.97	73.8	15.8	10.4	0	5.8	2.29	44.1	31.9	31.9	5	2.4
3	A	96	78.21	76.2	16.9	6.9	0	3.5	3.05	45.4	33.5	33.5	4.8	2.1
4	A	116	79.41	69.8	17.1	13.1	0	5.3	2.03	45.9	34.4	34.6	4.9	2

① 1 lb=0.454 kg。

表 3-3　奇峰河流域红石灰泥土土壤属性值

土层数量	土壤ID	土层深度/cm	容重/(lb/ft³)	黏粒率/%	淤泥率/%	沙土率/%	碎石率/%	极细土率/%	饱和导水率/%	田间持水力/%	凋萎点/%	湿润度/%	pH	有机质含量/%
1	B	12	73.94	40.9	22.42	36.7	0	24.94	2.27	35.8	20.2	34.6	7.0	3.9
2	B	24	81.67	69.9	20.36	9.72	0	9.72	4.57	40.6	28.3	28.3	6.8	3.8
3	B	50	82.41	56.7	29.67	13.56	0	13.56	1.52	42.9	31.3	31.4	6.2	3.2
4	B	77	82.00	55.2	25.77	19.10	0	9.07	0.76	44.0	32.8	32.8	6.5	2.8
5	B	94	84.45	68.7	23.27	8.01	0	7.41	2.54	44.6	33.4	33.4	6.8	2.5

表 3-4　奇峰河流红石灰泥土土壤属性值

土层数量	土壤ID	土层深度/cm	容重/(lb/ft³)	黏粒率/%	淤泥率/%	沙土率/%	碎石率/%	极细土率/%	饱和导水率/%	田间持水力/%	凋萎点/%	湿润度/%	pH	有机质含量/%
1	C	20	66.97	16.4	65.2	18.4	0	15.6	12.7	39.4	21	48.5	6.6	4.1
2	C	31	68.18	25.3	54.8	19.9	0	18.9	9.14	41.7	26.7	46.5	6.9	3.5
3	C	64	67.51	28.1	53.2	18.7	0	17.1	7.62	42.6	29.2	44.3	5.9	3.8
4	C	100	77.04	14.9	75.1	10	0	10.0	13.21	34.3	14.6	46.2	6.0	2.6

3.1.2.2　土壤水文分组

土壤水文分组设置参考美国农业部 537 手册的分类标准，主要依据表层土壤导水率，得出 A、B、C、D 4 类土壤水文分组（表 3-5、表 3-6）。

表 3-5　土壤水文组分分类标准以及土壤侵蚀因子 K

土壤水文组	土壤质地
A	砂质、壤质沙土、砂质壤土
B	粉砂质壤土、壤土
C	砂质黏壤土
D	黏壤土、粉砂黏壤土、砂质黏土、粉砂黏壤土、黏土

表 3-6　奇峰河流域初始极差（CN 值）

土地利用类型	土壤水文组			
	A	B	C	D
水田	65	76	84	88
旱地	72	81	88	91
园地	43	65	76	82
林地	35	56	70	77
建设用地	77	85	90	92
水域	98	98	98	98
未利用地	34	66	77	85

由于第二次全国土壤普查使用的是国际制标准，而 AnnAGNPS 模型使用的是美国制，为确保土壤属性参数的正确性，需要进行粒径转换。常用的土壤累积粒径模型分布有对数正态分布、三次样条插值、逻辑生长、改进逻辑生长以及 van Genuchten 方程，本章采用三次样条插值。

3.1.3　水文气象数据

奇峰河流域所在地区气候温暖湿润，属中亚热带季风气候，多年平均降雨量为 1 835.8 mm，年最大降雨量为 2 452.7 mm，年最小降雨量为 1 313.3 mm。

降雨、蒸发、风速等水文气象要素是地表径流与泥沙侵蚀的直接驱动因子，AnnAGNPS 模型需要的气象数据有 7 类：每日降雨量、风速、风向、每日最高气温、每日最低气温、露点温度、云层覆盖量。本章的气象数据下载自中国气象数据网（http://data.cma.cn/user/toLogin.html），气象数据为临桂区站点 2009—2018年的日实测资料。水文资料主要包括桂林市良丰河水文站 2016—2017 年的径流量数据。

3.1.4　农业作物管理数据

人为因素与自然因素相结合对流域的径流与泥沙形成过程有直接的影响，而农业耕作措施是最直接的影响因素，它会干预径流与泥沙过程，对水文径流过程产生影响。农业耕作过程中的各类耕作措施或多或少会增加对地表的扰动，破坏土壤原有的固结过程，增加水土流失的不确定性。奇峰河流域农业管理耕地分类包括水田、旱地、果园，水田主要种植双季稻，旱地主要种植玉米，果园主要种植柑橘。

施用的肥料主要有复合肥、尿素、钾肥、磷酸二氢钾等，常用的农药有杀虫剂、氧乐果、玉米螟。本章参照 RUSLE 模型参考手册，以及通过对研究区实地进行走访调查，整理了奇峰河流域农作物各类管理操作的时间过程资料，结果见表 3-7～表 3-9。

表 3-7　奇峰河流域水稻种植管理措施

日期	操作名称	肥料名称	施肥量	农药名称
4 月 1 日	翻地施肥	复合肥	5 kg/亩=75 kg/hm^2	—
4 月 3 日	翻地犁田	—	—	—
4 月 5 日	插秧	—	—	—
4 月 13 日	施返青肥	—	10 kg/亩=150 kg/hm^2	—
4 月 18 日	喷药	—	—	杀虫剂
6 月 10 日	拔节末期施肥	—	5 kg/亩=75 kg/hm^2	—
6 月 18 日	喷药	—	—	杀虫剂
7 月 10 日	收割	—	—	—
7 月 15 日	翻地犁田	复合肥	5 kg/亩=75 kg/hm^2	—
7 月 20 日	插秧	—	—	—
7 月 27 日	施返清肥	—	10 kg/亩=150 kg/hm^2	—
8 月 2 日	喷药	—	—	杀虫剂
9 月 15 日	拔节末期施肥	—	5 kg/亩=75 kg/hm^2	—
9 月 24 日	喷药	—	—	杀虫剂
10 月 23 日	收割	—	—	—

表 3-8　奇峰河流域玉米种植管理措施

日期	操作名称	肥料名称	施肥量	农药名称
5 月 5 日	犁地	—	—	—
5 月 8 日	播种	—	—	—
5 月 15 日	定苗、施药	—	—	氧乐果
5 月 19 日	苗期施肥	复合肥	10 kg/亩=150 kg/hm^2	—
6 月 1 日	拔节期除草	—	—	—
6 月 11 日	浇水	—	—	—
6 月 12 日	施肥	尿素	6 kg/亩=80 kg/hm^2	—
6 月 13 日	喷药	—	—	BT 生物农药
6 月 30 日	浇水	—	—	—
7 月 8 日	施肥	尿素	5 kg/亩=75 kg/hm^2	—
8 月 15 日	收获	—	—	—

表 3-9　奇峰河流域柑橘种植管理措施

日期	操作名称	肥料名称	施肥量	农药名称
1 月 2 日	种植	—	—	—
2 月 15 日	施肥	复合肥	50 kg/亩=750 kg/hm^2	—
3 月 26 日	喷药	—	—	氧乐果
4 月 16 日	施肥	复合肥	30 kg/亩=450 kg/hm^2	—
8 月 18 日	施肥	复合肥	50 kg/亩=750 kg/hm^2	—
9 月 23 日	喷药	—	—	靓果安
10 月 12 日	施肥	尿素	10 kg/亩=150 kg/hm^2	—
11 月 20 日	重施冬肥	复合肥	60 kg/亩=800 kg/hm^2	—
12 月 1 日	收获	—	—	—

3.2　最佳子流域集水单元划分

在 AnnAGNPS 的模块 TopAGNPS 中可以通过设定不同的临界源汇水区面积（CSA）与最小初始沟道长度（MSCL）取值，将奇峰河流域划分为空间上分散的集水单元，可以产生不同的子流域分割形状以及数量，这两个参数的取值决定了流域的离散程度。已有的研究表明，CSA 与 MSCL 值越小，河网越密集，划分的集水单元越多，对流域地表特征的描述程度就越详细。但是过小的 CSA 与 MSCL 取值会产生虚假的沟道河段以及造成集水单元数量的增加，增加计算时间以及后续分析工作量，最重要的是影响模型的模拟精度。集水单元划分的详细程度决定了 AnnAGNPS 模型输出的模拟精度，在一定范围内，子流域集水单元划分越详细，模拟精度越高，因此子流域集水单元的划分应当考虑研究流域地形地质的复杂性，找到最佳的子流域集水划分单元，使模拟结果趋于稳定，模拟精度在可接受范围内[210]。根据模型的用户手册，选取研究区的临界 CSA 的取值范围为 10～300 hm^2，MSCL 取值范围为 30～300 m，研究不同子流域集水单元划分下的模拟结果。

子流域集水单元与河道数量见表 3-10，从表中可以看出，随着 CSA 取值的增大，MSCL 值为 200 m 时，集水单元与河段的数量在 10 hm^2 处急剧减少，在 50 hm^2 处有所减少；CSA 从 50 hm^2 增加到 100 hm^2 时，集水单元与河段数量减少了 42%；

当 CSA 大于 100 hm² 时，集水单元与河道的数量逐渐减少，减少的幅度不大，对河网密集度影响不显著，这与 Pradhanang 等[155]的研究结果相似，MSCL 取值在 100～200 m 时，对河网的密集程度影响不显著。不同 CSA 下的集水单元划分结果见表 3-10。

表 3-10　不同的 CSA 取值下的划分结果

序号	CSA 值/hm²	MSCL 值/m	集水单元数量/个	河段数量/个
1	300	200	93	38
2	250	200	98	40
3	200	200	143	58
4	150	200	202	82
5	100	200	290	118
6	90	200	315	128
7	80	200	344	140
8	70	200	385	156
9	60	200	448	182
10	50	200	501	204
11	40	200	633	258
12	30	200	800	328
13	20	200	1 225	504
14	10	200	2 053	854

3.2.1　子流域集水单元划分下的土壤与土地利用参数变化

不同 CSA 取值下的地形参数变化情况及变化趋势见图 3-4。从图中可以看出，随着 CSA 值的增大，各地形参数集水单元面积、河道平均长度、集中流长度急剧增加，后在 CSA 值为 250 hm² 时趋于稳定。地形平均坡度与地形因子的变化趋势相同，先缓慢上升后在 CSA 值为 250 hm² 处开始下降。集中流平均坡度先缓慢上升后趋于平稳再缓慢下降。浅滩流平均坡度先缓慢上升，而后在 CSA 值为 150 hm² 时开始缓慢下降。片状流平均坡度的波动较大。

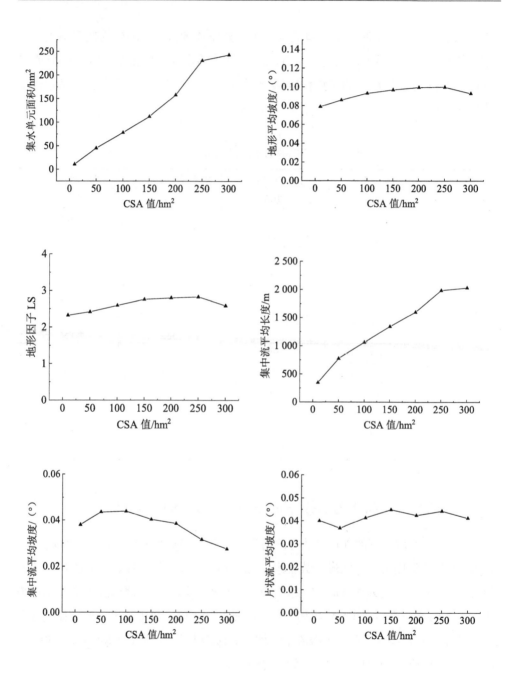

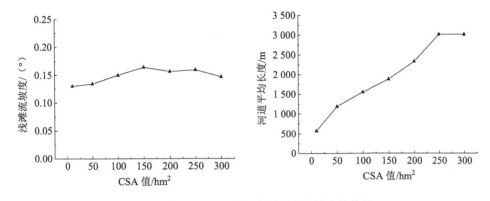

图 3-4　不同 CSA 取值下各地形参数的变化趋势

根据不同 CSA 与 MSCL 取值下的实验结果，当 CSA 取值为 10 hm² 时，河道数量过多，部分河道产生重叠（图 3-4），当 CSA 取值大于 50 hm² 时，划分的集水单元面积过大，而当流域内土壤与土地利用面积过小时，面积大的土壤或者土地利用类型将占主导地位，则忽略了面积小的土壤或者土地利用类型，即在空间上产生了一定的概化。从图 3-5 的变化结果来看，红泥黏土的面积先迅速下降后缓慢上升，在 CSA 值为 60 hm² 时再次下降，而后在 CSA 为 20 hm² 时开始趋于稳定。潜育水稻土的面积变化趋势则与红泥黏土的变化趋势相反，呈现出此消彼长的趋势，最终都在 CSA 值为 20 hm² 时趋于稳定。而红石灰泥土在流域中所占的面积不大，先迅速下降后慢慢平稳，再缓慢下降，而后在 CSA 值为 30 hm² 时趋于稳定。

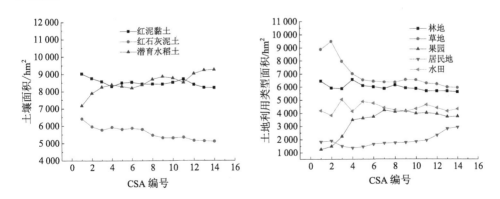

图 3-5　不同 CSA 取值下土壤与土地利用类型面积变化

从图 3-5 中可以看出，林地先下降后上升，后缓慢下降，当 CSA 值为 40 hm^2 时趋于稳定；草地面积先上升后迅速下降，后缓慢下降，最后在 20 hm^2 时趋于稳定；水田的面积变化情况较为复杂，波动性较大，先下降后迅速上升再迅速下降，后上升再慢慢下降，再上升后再下降，原因是水田的分块面积均较小，因此在集水单元划分的时候常处于非主要地位；果园的面积先迅速上升，后缓慢上升，再慢慢趋于稳定；居民地的面积变化则比较单一，先保持较小变化，后缓慢下降，再缓慢上升，最后在 CSA 值为 20 hm^2 处稳定。因此考虑土壤与土地利用类型面积变化情况，确定奇峰河流域的 CSA 取值为 20 hm^2，能较全面地描述流域的地形信息。前人的研究表明[155]，不同的 MSCL 取值（100～200 m）对模拟结果没有显著的影响，因此本章直接选取 MSCL 值为 200 m。

不同的 CSA 取值下，流域集水单元划分形状以及划分大小的结果表明 CSA 取值越大，概化程度越高，部分流域空间地形信息缺失，因此会造成模拟精度下降，对模拟结果产生影响。

3.2.2 子流域集水单元划分下的径流变化

不同子流域的集水单元划分下的年最大洪峰流量与径流量的变化如图 3-6、图 3-7 所示（2010 年的模拟数据）。由图可知，随着子流域集水单元数量的增加，模拟的最大洪峰流量变化为先急速下降，后缓慢上升而后再缓慢下降，最后缓慢上升至相对稳定范围，在 CSA 值为 30 hm^2（集水单元数量为 800 个）时开始趋于相对稳定；而径流量的变化趋势在数量为 38 hm^2 与 40 hm^2 时变化不大，之后迅速下降再上升后下降，然后再上升，最后同样在 800 个集水单元时开始趋于相对稳定。子流域集水单元数量从 98 个增加到 143 个时，径流量随着集水单元数量增加而下降，降幅为 6.41%。

由此可知，在集水单元数量为 800～2 053 个时对径流模拟的影响较小。

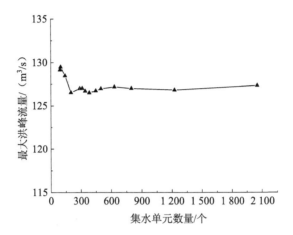

图 3-6　不同集水单元个数下最大洪峰流量变化趋势

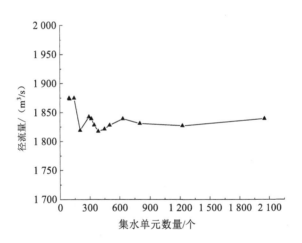

图 3-7　不同集水单元个数下径流量变化趋势

3.2.3　子流域集水单元划分下的泥沙变化

不同子流域集水单元划分下泥沙产量如图 3-8 所示。由图可知，随着子流域集水单元数量的增加，奇峰河流域的产沙量变化呈先上升后下降、再上升后下降、最后趋于相对稳定的趋势。当子流域集水单元数量从 143 个增加到 202 个时，年产沙量的增幅较大，增幅为 6.57%，当子流域集水单元数量从 448 个增加到 633 个时，年产沙量随着划分数量增加而下降，降幅为 9.33%。产沙量在子流域数量为 1 225 个时趋于稳定。由此可见，对于泥沙的模拟，子流域集水单元的划分数量为 1 225 个是合理的。

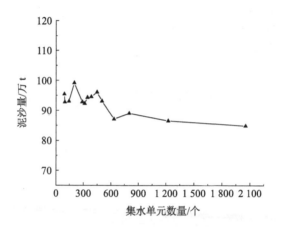

图 3-8　不同集水单元个数下泥沙的变化

3.2.4　子流域集水单元划分下的各形态氮变化

模拟的吸附态氮（AN）、溶解态氮（DN）与 TN 的变化趋势如图 3-9～图 3-11 所示。AN 相比于 DN 而言，占 TN 比例高达 97.72%，因此 AN 与 TN 的变化趋势相同，变化的波动也较大，均是上升后下降后上升再下降，再迅速上升后趋于相对稳定水平。在子流域集水单元数量从 315 个增加到 385 个与从 633 个增加到 800 个时，吸附态氮含量随着数量的增加而增加，增幅分别为 5.77% 与 5.97%。TN 含量的增幅为 5.65% 与 5.87%。对于 DN，其变化趋势表现为先下降后上升，再下降而后上升，最后趋于稳定。子流域集水单元数量从 633 个增加到 1 225 个时，溶解态氮的增幅最大，为 5.44%。AN 与 TN 在子流域数量为 800 个时趋于稳定，而溶解态氮在 1 225 个时开始趋于稳定，因此对于氮的模拟，子流域划分的数量为 1 225 个时是合理的。

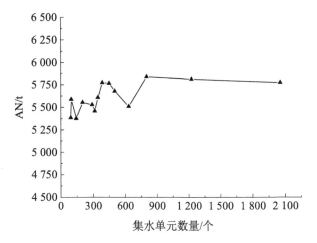

图 3-9　不同集水单元个数下 AN 的变化趋势

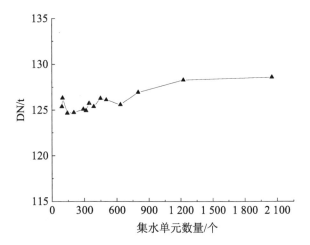

图 3-10　不同集水单元个数下 DN 的变化趋势

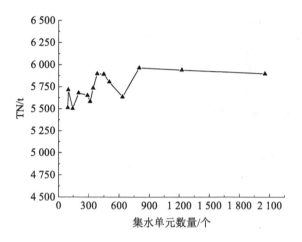

图 3-11　不同集水单元个数下 TN 的变化趋势

3.2.5　子流域集水单元划分下的各形态磷变化

　　模型模拟出来的磷包括吸附态的有机磷与无机磷、溶解态的无机磷与 TP，它们的变化趋势均相同（图 3-12～图 3-15）。

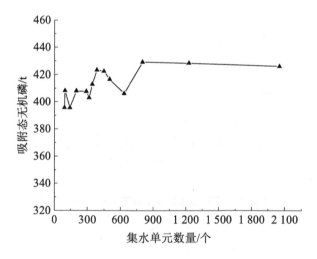

图 3-12　不同集水单元个数下吸附态无机磷的变化趋势

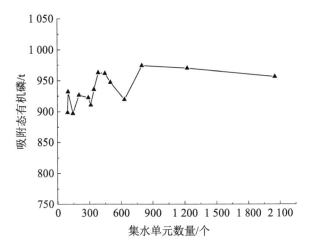

图 3-13　不同集水单元个数下吸附态有机磷的变化趋势

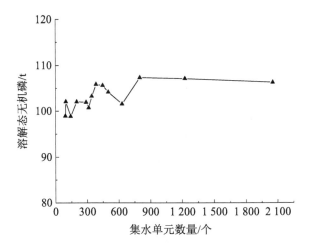

图 3-14　不同集水单元个数下溶解态无机磷的变化趋势

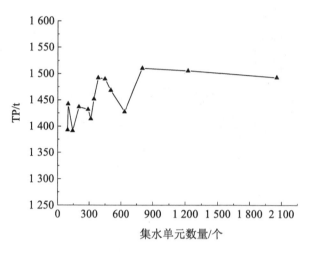

图 3-15　TP 的变化趋势

　　综合以上土壤面积变化、土地利用变化面积以及模型模拟出来的分析结果，桂林奇峰河流域的 CSA 与 MSCL 的取值分别为 20 hm² 与 200 m 时，能够合理地反映流域的下垫面情况，能够使模型较好地模拟流域内各污染负荷。与其他非岩溶地区流域面积相似的小流域相比[217, 218]，CSA 的取值范围为 10～50 hm²，MSCL 的取值范围为 100～250 m，因而本章选取的 CSA 与 MSCL 值是合理的。这也同时表明 MSCL 的取值在岩溶地区与非岩溶地区没有明显的差别，不是影响模拟结果的主要参数。在岩溶地区与非岩溶地区，CSA 的取值均会影响模拟结果。CSA 的取值影响模拟结果的方式是通过影响流域内的土壤类型与土地利用类型的面积，出现空间概化后，直接影响特定土地利用与土壤类型下的 CN 值，进而影响模拟结果。Soni M. Pradhanang[219]利用 AnnAGNPS 评估 CSA 对每个小区模拟出水量的影响，对于不同的 CSA 组合，6 个流域模拟的集水单元总数为 8～352 个不等，子流域的数量增加会增加流域的总出水量与产沙量，集水单元数量的增加会相应地影响研究区的土地利用与土壤类型的描述，从而影响径流。赖格英等[220]利用遥感反演研究典型岩溶地貌下的土地利用、覆盖类型、坡度、土壤特性来估算整个岩溶区域研究区的 CN 值，CN 的取值影响了 SWAT 模型的模拟结果。这个研究证明了不同的土地利用与土壤类型会影响 CN 取值。而不同子流域划分下，径流的变化趋势直接影响泥沙、TN、TP 的变化趋势，因为径流是泥沙、TN、TP

主要的运移介质与驱动因子。

3.3 模型参数敏感性分析与讨论

3.3.1 敏感性分析方法

　　AnnAGNPS 涉及的参数众多，已有的研究表明，不同的流域，不同的地形，部分参数对模拟结果敏感，部分参数对模拟结果不敏感，同一个参数在不同的地区敏感程度也不一样，因此需要进行参数敏感性分析，找到对模拟结果敏感的关键参数，让模拟结果更趋于真实情况。Hassen[221]的参数敏感性分析得出，径流曲线值（CN）与通用土壤流失方程（USLE），C 因子是最敏感的参数，因此需要对其进行校正。Sarangia[222]的研究表明，CN 值是勒比圣卢西亚岛森林流域与农业流域径流模拟中最敏感的参数。

　　在奇峰河流域中，缺少使用 AnnAGNPS 的研究，因此在参考其他研究的参数基础上，对其他参数也进行敏感性分析。本章选取的参数包括 CN、河段曼宁系数（n）、凋萎点系数、土壤饱和导水率、耕作深度、田间持水量、降雨侵蚀因子（R）、土壤可侵蚀性因子（K）、地表残留物覆盖率、耕作扰动面积等 10 个参数，对其进行参数敏感性分析。

　　本章采用差分敏感性分析[223]（Differential Sensitivity Analysis，DSA）进行参数敏感性分析，设定一个参数的初始值，然后在初始值附近增减 10%，其他参数保持不变，通过计算每个参数的敏感性指数 I，评价各参数对模拟结果的敏感性程度。DSA 将敏感性指数 I 分为 4 个等级，$I>1$ 表示极其敏感，$0.2<I<1$ 表示非常敏感，$0.05<I<0.2$ 表示中等敏感，$I<0.05$ 表示不敏感，敏感性指数 I 的计算公式为

$$I = \frac{(y_2 - y_1)/y_0}{2\Delta x / x_0} \tag{3-1}$$

式中，x_0 —— 参数的初始值；

　　　y_0 —— 参数 x_0 对应的模型输出值；

　　　y_1、y_2 —— 分别表示 $x_1=x_0-\Delta x$、$x_2=x_0+\Delta x$ 对应的模型输出值，$\Delta x=10\% x_0$。

3.3.2 敏感性分析结果与讨论

3.3.2.1 径流的参数敏感性分析

使用 DSA 对相思江奇峰河流域进行参数敏感性分析，结果见图 3-16。根据 10 个参数对径流模拟的敏感性分析结果，CN 是对径流量模拟最敏感的参数，其敏感性指数为 4.18，敏感性的等级为极其敏感。田间持水量对径流模拟的敏感等级为中等敏感，指数为 0.194。凋萎点系数与土壤饱和含水率对径流的模拟有影响，但是影响效果并不显著，敏感指数仅为 0.037 与 0.002，评判为不敏感等级。而其他参数（如耕作深度、地表残留覆盖率、降雨侵蚀因子、曼宁系数、土壤侵蚀因子与土壤扰动面积等）对径流没有影响。研究表明，河道曼宁系数对径流量影响不显著，但会对洪峰流量与汇流时间产生影响，因此也是校准径流的重要参数。

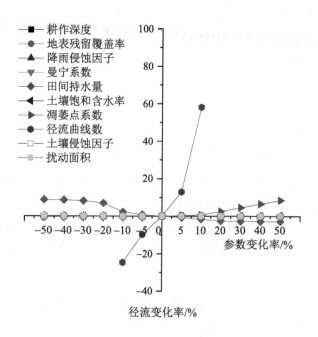

图 3-16　对径流模拟的参数敏感性分析结果

3.3.2.2　泥沙的参数敏感性分析结果

泥沙的敏感性分析结果见图 3-17，其中降雨侵蚀因子与土壤侵蚀因子对泥沙模拟的敏感性等级最高，为非常敏感，敏感指数分别为 –0.932 与 –1.09。地表残留覆盖率、曼宁系数与扰动面积表现为中等敏感，敏感指数分别为 –0.136、–0.115 与 0.214。其他 4 个参数对泥沙有轻微的影响，但效果不显著，属于不敏感等级。奇峰河流域内产沙量随着降雨侵蚀因子、地表残留覆盖率与曼宁系数的增大而减小，呈负相关，而与径流曲线数呈正相关。不同的研究区域因降雨、气候、蒸发等气象因素的差异，以及土壤、地形、土地利用类型等下垫面因素的空间差异性，参数会表现出不同的敏感性等级。相比于其他非岩溶地区的相关研究[146]，福建的桃溪子流域的扰动面积对泥沙为中等敏感，由于研究区域的土地利用类型主要为园地与耕地，人为对地表的扰动成为水土流失的影响因素。

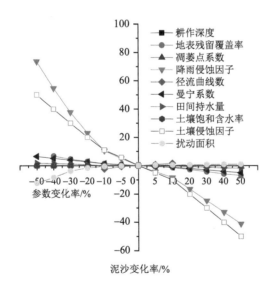

图 3-17　对泥沙模拟的参数敏感性分析结果

3.3.2.3　TN 的参数敏感性分析结果

对于 TN，敏感性结果见图 3-18。降雨侵蚀因子、径流曲线数与土壤侵蚀因子是最敏感的参数，敏感等级为非常敏感，敏感指数分别为–0.631、–0.413 和–0.636。TN 含量随着降雨侵蚀因子的增大而减小，呈负相关性，随着土壤侵蚀因子的增大而增大，呈正相关性。地表残留覆盖率与曼宁系数则是中等敏感的参数，敏感指数分别为–0.128 与–0.131。扰动面积对 TN 有轻微影响，但不显著，敏感等级为不敏感，敏感指数为 0.049。耕作深度、凋萎点系数、田间持水量与土壤饱和含水率对 TN 影响不显著，敏感指数仅分别为 –0.002、–0.024、–0.022 和 –0.002。

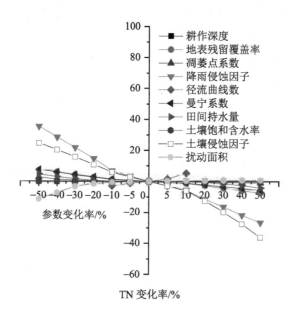

图 3-18　对 TN 模拟的参数敏感性分析

3.3.2.4　TP 的参数敏感性分析结果

TP 与 TN 的敏感参数等级相似，但是指数大小不相同。降雨侵蚀因子、径流曲线数与土壤侵蚀因子是最敏感的参数，敏感等级为非常敏感，敏感指数分别为–0.615、–0.234 和–0.383。地表残留覆盖率与曼宁系数则是中等敏感的参数，敏感指数分别为–0.125 与–0.128。扰动面积对 TP 有轻微影响，但不显著，敏感等级为不敏感，敏感指数为 0.047。耕作深度、凋萎点系数、田间持水量与土壤饱和含水率对 TP 影响不显著，敏感指数仅分别为 –0.002、–0.009、–0.016 和 –0.001（图 3-19）。

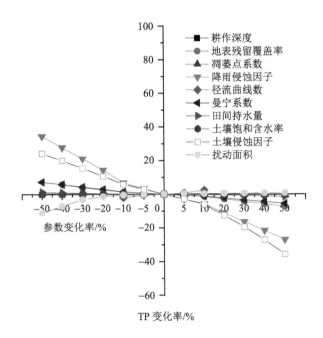

图 3-19　对 TP 模拟的参数敏感性分析结果

参数敏感性的结果表明，在岩溶地区与非岩溶地区，径流模拟的最敏感参数均为 CN，在参数上是一致的[223]，显示差异性的是参数的取值范围。泥沙、TN、TP 的最敏感参数为土壤可侵蚀性因子、降雨侵蚀因子，同时 CN 也表现出了非常敏感的等级。由于特定流域下，土壤可侵蚀性因子与降雨侵蚀因子是固定的，因此对泥沙与营养物的输出有影响的是 CN，在校准时应重点关注 CN 的取值。这与部分非岩溶地区流域的敏感性参数相同[218, 223, 224]。

3.4　模型校准与验证

3.4.1　模型校准验证数据时期

AnnAGNPS 模型利用不同的函数模拟了流域的径流与土壤流失情况，然而，径流与泥沙是养分负荷的驱动介质，因此其计算依赖于径流与泥沙，为了更好地使用该模型，应该对径流量以及沉积物进行严格的校准。在敏感参数确定的基础上，模型的校准原则应当遵循先校准径流量、确保总量平衡再进行过程匹配、先上游再下游的顺序，即先校准年、月径流，再校准日径流。

由于奇峰河流域良丰水文站缺少泥沙数据，并且数据的时间跨度短，因此使用 2016 年 1 月 1 日—12 月 31 日的径流数据进行校准，2017 年 1 月 1 日—12 月 31 日的径流数据进行模型验证。使用 2017 年的 TN、TP 数据校准，2018 年的 TN、TP 数据进行模型验证。

3.4.2 模型性能评价方法

模型的稳健性能以及模型的可靠性能需要一定的评价指标，单一的评价指标往往不能全面评价一个模型的模拟性能或者模型的模拟精度，因此本章选取了 3 个评价指标对模拟结果进行模型性能的评价。

（1）相关系数（R^2）

R^2 表示泥沙、径流及氮磷营养盐负荷实测值与模拟值的拟合度。相关系数 R^2 越大，参数的实测值与模型模拟值的相关性越好。

$$R^2 = (\frac{[\sum_{1}^{n}(Q_p - Q_{p\text{avg}}) \times (Q_0 - Q_{0\text{avg}})]^2}{\sum_{1}^{n}(Q_p - Q_{p\text{avg}})^2 \sum_{1}^{n}(Q_0 - Q_{0\text{avg}})^2}) \qquad (3\text{-}2)$$

（2）Nash-Stuttcliffe 效率系数（NSE）

NSE 是描述模型模拟准确度的一个评价指标，其值域范围是（−∞，1]，若计算值 NSE=1 则表示实测值与模拟值完全吻合，NSE=0 表示模拟值与实测值的平均值相吻合，NSE 值越接近 1，表示模型的模拟精度就越高。NSE 是美国土木工程师学会（The American Society of Civil Engineers，ASCE）推荐使用的评价指标[226]。NSE 的计算公式如下：

$$\text{NSE} = 1 - \frac{\sum_{i=1}^{n}(Q_0 - Q_p)^2}{\sum_{i=1}^{n}(Q_p - Q_{\text{avg}})^2} \qquad (3\text{-}3)$$

式中，Q_0 —— 参数实测值；

Q_p —— 模型的模拟值;

Q_{avg} —— 实测平均值;

n —— 实测样本的数据个数,个。

(3) 相对误差(Re)

Re 评价指标的特点是计算快速简便,模型的模拟效果能更直观迅速地被展示,是评价径流的常用指标之一,同时也是 ASCE 推荐使用的水文模型评价效果指标之一[226]。Re 的计算公式如下:

$$Re = \frac{Q_p - Q_o}{Q_o} \times 100\% \qquad (3\text{-}4)$$

式中,Q_o —— 参数地实测值;

Q_p —— 模型的模拟值。

若 $Re > 0$,说明模型的模拟值比实际测量值大;若 $Re < 0$,则模拟值小于实测值;若 $Re = 0$,则表明模拟值与实测值完全吻合。

对于水文模型在以月为时间单位进行径流与水质模拟的评价等级,已经形成了统一的适用性标准 Moriasi。普遍认为,$R^2 \geq 0.5$ 时模型是可接受的。对于 NSE 与 Re 的评价等级见表 3-11。

表 3-11　月尺度下的 AnnAGNPS 模型评价等级分类

评价等级	NSE	$Re/\%$	
		径流,泥沙	水质(N、P)
非常好	$0.75 < NSE \leq 1.00$	$Re \leq \pm 10$	$Re \leq \pm 25$
好	$0.65 < NSE \leq 0.75$	$\pm 10 < Re \leq \pm 15$	$\pm 25 < Re \leq \pm 40$
可接受	$0.50 < NSE \leq 0.65$	$\pm 15 < Re \leq \pm 25$	$\pm 40 < Re \leq \pm 70$
不可接受	$NSE \leq 0.50$	$Re > \pm 25$	$Re > \pm 70$

模型的校准与验证根据径流模拟的参数敏感性分析结果,选取了对径流敏感的参数,采用"试错法"人工校准模型。首先要将模型的初始参数输入,然后运行模型,利用运行结果计算 R^2、NSE 与 Re 值,如果模型达到了可接受范围,则停止运行模型,如果模型在不可接受范围内,则返回继续修改模型参数,再重复运行,直至模型在可接受范围内。

3.4.3 径流校准与验证结果与讨论

奇峰河流域水文数据序列短，只有 2016—2017 年的水文数据。年尺度上，校准期模型的模拟值与径流实测值的相对误差 $Re<10\%$，验证期相对误差 $Re<5\%$，年内径流量基本平衡。在月尺度下，$R^2>0.9$，NSE 均 >0.75，相对误差的范围在 15% 以内，校准期的径流模拟各评价指标均在可接受范围内，因此可以满足模拟要求，使用校准后的参数进行验证（表 3-12 和图 3-20）。

表 3-12　奇峰河流域径流的校准与验证结果

模拟尺度	时期	R^2	NSE	$Re/\%$
月	校准期	0.906	0.831	−14.94
	验证期	0.980	0.946	−10.86
日	校准期	0.710	0.890	−19.25
	验证期	0.716	0.964	−13.69

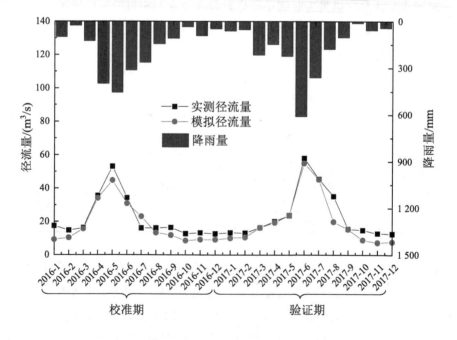

图 3-20　奇峰河流域月平均径流实测值与模拟值对比

从日尺度径流来看，校准期与验证期的 R^2 与 NSE 均大于 0.6，相对误差 Re 被控制在 20%以内，模拟的日尺度径流量与实测径流量的拟合度较好，总体上模型具备径流模拟能力（图 3-21）。

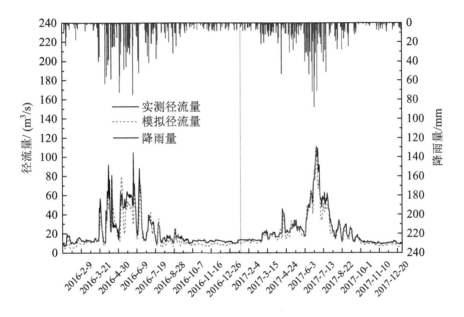

图 3-21　奇峰河流域日径流实测值与模拟值对比

径流量的校准是通过调整最敏感的参数 CN 值，采用"试错法"人工调参校准模型实现的。本章模型校准后，土地利用类型为森林的 CN 取值是 70～85，为农作物的 CN 取值是 72～94，灌木丛的 CN 取值是 60～90。通过对比发现，非岩溶地区流域的 CN 取值小于本章岩溶地区的 CN 值。Polyakov 等[226]的研究中土地利用类型为灌木丛的 CN 取值为 60～79，森林的 CN 取值为 55～77。而 Karki 等[228]在密西西比河流域的研究中，土地利用类型为作物地的 CN 取值为 60.5～80.4。因为 AnnAGNPS 模型基于 SCS-CN 径流曲线方程来模拟计算地表径流量，$S = 1\ 000/$（CN–10），S 表示径流过后地表的最大滞留量，CN 取值增大，滞留量减小，因此才能符合岩溶地区降雨后地表径流迅速下渗到地下含水层的特点。赖格英等[220]通过实测的径流量数据，利用 SCS-CN 的方程式反推计算出岩溶地区横港河流域的 CN 取值，其范围为 79.5～95.2，这进一步表明了岩溶地区 CN 的取值大于非岩溶地区的 CN 取值。西南地区的岩溶地表径流是一种强动能的雨源性水流[228]，在降雨发生后，岩溶地区的水力传导性强以及渗透性高[229]，地表径流可直接从岩面裂隙渗漏至地下含水层与深层裂隙土壤层，形成壤中流补给地下径流，地表的截留量会大大减少。在岩溶地区，由于多基岩、土层薄，土层蓄水能力下降，降雨再分配能力较弱，导致地表汇流明显减少。因此通过优化 CN 值才能让模型模拟的径流量值更接近实测值。因此非岩溶地区与岩溶地区的区别是参数 CN 的取值范围不同、地表的渗透速率不同、地下的空间格局的差异。

由于模型仅模拟地表径流，对于地下水径流的模拟是缺乏的，而岩溶地区的地下水补给地表水的比例较大，岩溶流域的降水及其形成的地表径流可以通过岩溶区域的垂直管道迅速灌入地下河系。一方面，岩溶含水层中具有发育良好的地表与地下岩石孔隙、裂隙、裂缝与溶蚀孔道网络，使得岩溶地区的地下水含水层与地表水的沟通间距小，为地表水下渗到地下提供充足的空间，成为地下水与地表水之间可以迅速交换的场所；另一方面，通过地下裂隙层下渗到地下含水层的溢流泉、壤中流，也可以通过底下的裂隙渗出，与地表的坡面径流汇合成为地表径流的一部分[228]。地表径流由于模型的局限性，并不能全面模拟地下水补给地表水的过程，因此造成日尺度的模拟精度较小。在非岩溶地区流域的径流模拟中，不存在地下水迅速补给地表水，以及地表水迅速下渗到地下含水层的过程，因而在日尺度上能很好地模拟地表径流量。例如，Villamizar[230]应用 AnnAGNPS 模型模拟的径流 R^2=0.73，NSE=0.70，模型能良好地应用于非喀斯特地貌的 Cauca 流域。

3.4.4　总氮与总磷的校准结果与讨论

模型的结果可以输出 AN、DN 与 TN、AIP、AOP、DOP、TP，根据采样以及获取的 2017—2018 年月尺度实验数据，本章选取 TN 与 TP 作为水质校准指标。

TN 校准期的 R^2=0.88，NSE=0.56，相对偏差为–31%。验证期 R^2=0.93，NSE=0.53，相对偏差为–32%。从图 3-22 可以看出，模型低估了 TN 的输出值，这是由于 TN 的来源复杂，同时奇峰河流域地处岩溶区，正如前面径流模拟解释的原因，对于 TN 的模拟也是同样的结果。同时模型在其他非岩溶地区的模拟也出现了类似的结果，低估了 TN 的含量。校准期与验证期内 3 个指标均在模型可接受范围内，这也说明，模型可适用于桂林市岩溶地区奇峰河流域的 TN 模拟，能代表流域内 60% 的 TN 输出含量。

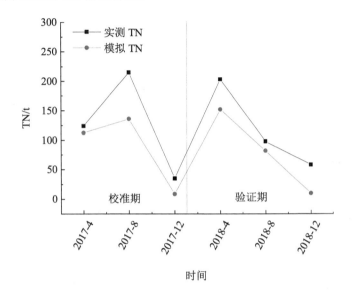

图 3-22　奇峰河流域 TN 月实测值与模拟值对比

　　TN 验证期的 R^2=0.93，NSE=0.62，相对偏差为 29%，校准期 R^2=0.926，NSE=0.57，相对偏差为 29%。奇峰河流域 TP 月实测值与模拟值对比如图 3-23 所示，从图中可以看出，模型高估了 TP 的含量。TP 的溶解性较高，不容易附着在土壤中，而模型计算的 TP 包括吸附态的磷，因此容易高估 TP 的含量，在其他岩溶地区与非岩溶地区也同样发现了相似的研究结果[231-234]。Karki 等[227]在密西西比州中东部地区模拟的月平均磷的 R^2=0.74，NSE=0.54。然而，对于氮的模拟结果并不令人满意。许多学者指出，由于营养过程的简化与输入参数的不确定性，很难预测短期的营养负荷[234]。模拟结果代表部分养分负载，不能完全估算所有来源的养分。基于质量守恒定律，流域中任何缺少输入或输出参数的营养素负荷都会受到影响。大多数模型评估都假设观测数据的绝对质量，但是，由于样本收集、处理与分析的不确定性或来源不同，测量数据通常会有误差[235]。Shamshad 等[233]指出营养物负荷的 R^2=1 基本上是不可能的，因为 AnnAGNPS 模型假定所有模拟的成分都在第 2 天开始模拟时就到达出口处。

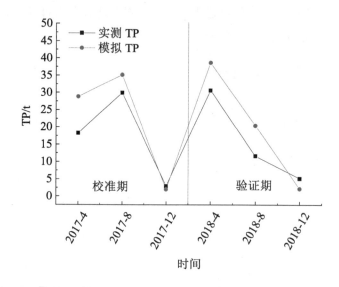

图 3-23 奇峰河流域 TP 月实测值与模拟值对比

本章 3 个指标均在模型可接受范围内，因此模型适用于桂林市奇峰河流域的 TP 模拟，因此也说明，模型可适用于桂林市岩溶地区奇峰河流域的 TP 模拟，能代表流域内 60%的 TP 含量。由于喀斯特地区的复杂性，需要进行更多的模拟实验以使 AnnAGNPS 模型更好地适用于喀斯特地区。

3.5 奇峰河流域水文径流过程模拟

河流中水量的组成主要有两个部分：一是来自降雨或者冰川融雪形成的地表径流，二是地下水的补给。在水文过程中地下水补给的地表水量称为基流，也叫深层地下水径流，是流域枯水季节中河川径流最主要的来源。

影响径流的因素主要包括气候因素、流域下垫面的条件、人类活动 3 类。已有的研究表明，水文过程是影响流域 NPS 污染的主要因素之一，能使 NPS 污染产生滞后效应。NPS 污染的主要驱动力是水文径流过程。

3.5.1　奇峰河流域基流分割

AnnAGNPS 模型模拟的水文过程产生的径流量只有直接的地表径流量，不包括基流。若直接将模拟的径流量与实测的河流径流量进行比较，则模型会低估地表径流量，因此需要将基流分割出来。

基流分割的方法主要有 4 类：数字滤波法、基流指数法（BFI）、时间步长法（HYSEP）与水文模型法。使用这些方法分别对相思江奇峰河流域 2016—2017 年的实测径流量以及模型模拟的径流量进行基流分割，分析结果见表 3-13 与图 3-24。从表中可以看出，4 种数字滤波法对流域的基流分割的基流指数差异较大，数字滤波法 2 与数字滤波法 3 的基流指数偏低，而 BFI 与 HYSEP 分割的基流指数则偏高。数字滤波 1 与数字滤波法 4 区别在于涨水与退水时对基流的分割不接近实际情况，而数字滤波 4 的基流过程线更符合水文过程，因此选择数字滤波法 4 为本章的基流分割方法。

表 3-13　奇峰河流域基流分割指数

基流分割方法	N 取值				
	3	5	7	9	11
数字滤波 1	60.7	60.74	46.09	41.5	33.64
数字滤波 2	12.1	2.996	0.743	0.184	0.046
数字滤波 3	12.54	3.183	0.812	0.209	0.054
数字滤波 4	70.44	57.34	47	38.63	31.78
BFI（Fixed）	80.38	75.05	68.45	64.81	58.22
BFI（slided）	83.68	80.64	78.11	76.16	72.46
HYSEP（Fixed）	89.81	85.23	81.17	71.78	76.6
HYSEP（slided）	90.27	85.28	81.83	79.24	76.99

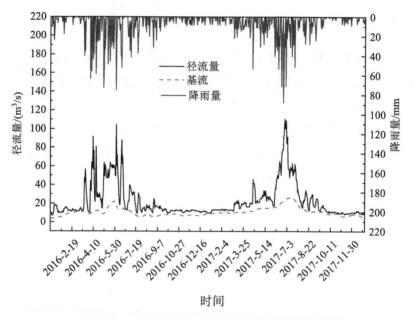

图 3-24　奇峰河流域 2016—2017 年基流分割结果

3.5.2　奇峰河流域径流量与降雨量特征分析

3.5.2.1　年尺度下径流量与降雨量的变化

本章对 2009—2018 年的降雨量与模型模拟的径流量进行对比分析，结果如图 3-25、图 3-26 所示。

2009—2018 年的多年平均降雨量为 1 861.16 mm，模拟的年平均径流量为 21 940 万 m³。2011 年径流量出现最小值，年径流量为 8 960.715 万 m³，最高值出现在 2015 年，径流量为 37 080.46 万 m³。通过统计两者的相关关系，径流量与降雨量的 Spearman 系数为 0.952（$P<0.05$），说明径流量与降雨量呈显著的正相关性。

3.5.2.2　月尺度下径流量与降雨量的变化

2009—2018 年的多年月平均降雨量为 155.10 mm，模拟的多年月平均径流量为 1 828.30 万 m³。径流量的最小值出现在 2014 年 10 月，月径流量为 4 673.77 m³，最高值出现在 2015 年 5 月，径流量为 14 014.61 万 m³。通过统计两者的相关关系，径流量与降雨量的 Spearman 系数为 0.969（$P<0.05$），说明径流量与降雨量呈显著的正相关性。本章基于 2009—2018 年的月降雨量与模型模拟的径流量进行对比分析，结果如图 3-26 所示。

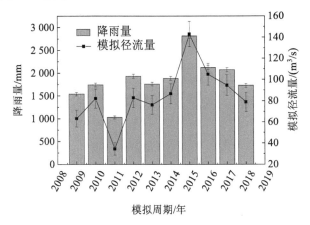

图 3-25 年尺度下奇峰河流域径流量与降雨量变化趋势

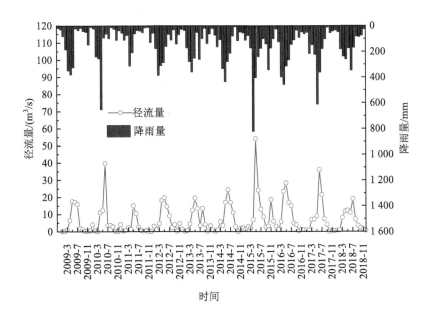

图 3-26 模拟周期内径流量与降雨量的相关性

3.5.3 奇峰河流域径流量负荷空间分布

图 3-27 展示了奇峰河流域年均径流量的空间分布。地表径流中的污染物不仅受降雨历时与降雨强度的影响，同时污染区的前期积累也是一个重要的影响因素。径流量高的地方集中在村庄聚集的地方，村庄地的 CN 值较高，更容易形成地表径流，因此村庄地硬化区的地表径流负荷更高。

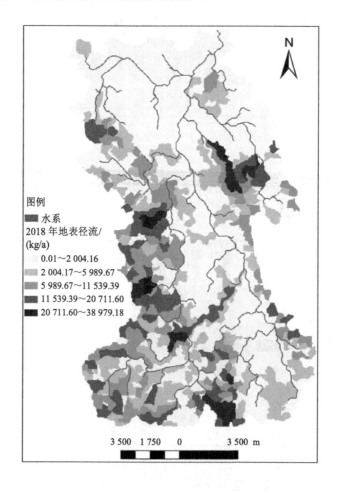

图 3-27　奇峰河流域的径流量空间分布

3.6　奇峰河流域泥沙与径流量时空特征分析

3.6.1　年尺度下泥沙的负荷量变化

2009—2018 年的多年平均降雨量为 1 861.16 mm，年平均径流量为 1 828.298 万 m³，模拟的年平均泥沙量为 114.890 3 万 t。径流量的最小值出现在 2011 年，年产沙量为 391.251 万 t，最高值出现在 2015 年，年产沙量为 2 211.439 万 t。通过统计两者的相关关系，径流量与泥沙的 Spearman 系数为 0.854（$P<0.05$），说明泥沙产生量与径流量呈显著的正相关性（图 3-28）。

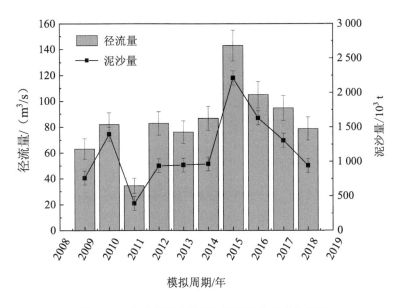

图 3-28　年尺度下产沙量与径流量的相关性趋势

3.6.2　月尺度下泥沙的负荷量变化

2009—2018 年的多年平均降雨量为 1 861.16 mm，模拟的年平均泥沙量为 9.574 万 t。产沙量的最小值出现在 2014 年 10 月，年产沙量为 1.328 t，最高值出现在 2015 年 5 月，年产沙量为 124.582 万 t。通过统计两者的相关关系，径流量与泥沙量的 Spearman 系数为 0.990（$P<0.05$），说明产沙量与径流量呈显著的正相关性（图 3-29）。

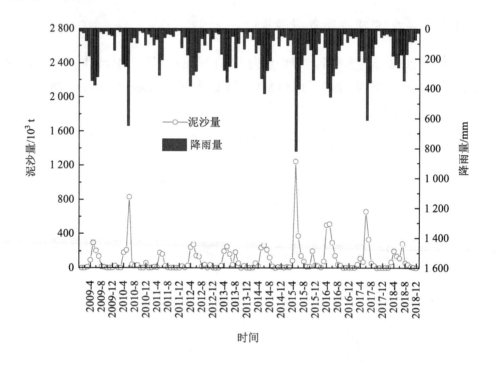

图 3-29   月尺度下泥沙量与径流量的相关性趋势

3.6.3   奇峰河流域产沙量的空间分布特征

奇峰河流域内的泥沙产量如图 3-30 所示。泥沙负荷输出量高的地方集中在流域上游，而流域上游的土地利用方式主要有林地与园地。这些地带的坡度较高，容易形成坡地径流，更容易导致水土流失，产生更多的泥沙量。奇峰河流域集水单元面积的泥沙贡献率如图 3-31 所示。

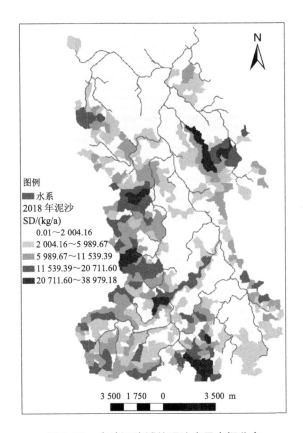

图 3-30　奇峰河流域的泥沙产量空间分布

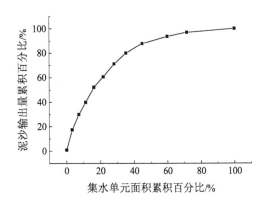

图 3-31　奇峰河流域集水单元面积的泥沙贡献率

3.7　本章小结

本章通过奇峰河流域模型数据库的建立、最佳子流域集水单元划分、基流分割、模型参数敏感性分析、模型的校准与验证，得到了适用于桂林市奇峰河流域的 AnnAGNPS 模型。

1）不同子流域集水单元划分个数会影响模拟结果和模拟精度，因此本章确定了 CSA 为 20 hm^2，MSCL 为 200 m 时的最佳子流域集水单元的划分个数为 1 225 个，河段数量为 504 个。

2）通过参数敏感性等级分析，得出了对径流、泥沙、TN 与 TP 模拟的敏感性参数。其中对径流模拟最敏感的参数为 CN 值，对泥沙模拟最敏感的参数是土壤侵蚀因子、降雨侵蚀因子与径流曲线数 CN 值，对 TN 与 TP 的敏感参数相同，为土壤侵蚀因子与降雨侵蚀因子。岩溶地区与非岩溶地区的差异在于 CN 的取值不同，岩溶地区的 CN 值高于非岩溶地区。

3）基于参数敏感性等级分析结果，使用"试错法"手动调整 AnnAGNPS 模型的参数，对模型结果与实测结果进行对比分析，模型在验证期与校准期的结果都较好。径流的模拟在校准期与验证期的 R^2 均大于 0.7，NSE 均大于 0.8，相对偏差小于–20%，表明对径流量的模拟效果良好。TN 校准期与验证期的 R^2 均大于 0.8，NSE 均大于 0.5，相对偏差小于–30%，表明对于 TN 的模拟结果在可接受范围内。TP 验证期的 R^2 均大于 0.9，NSE 均大于 0.55，相对偏差为 29%，表明模型 TP 的模拟效果也是可以接受的。

4）通过比较几种常见的基流分割方法，发现数字滤波法是适用于桂林市奇峰河流域的基流分割方法，基流指数为 31.78%。

5）奇峰河流域径流量与降雨量的时空特征分析表明，径流量与降雨量在年尺度与月尺度上均呈显著的正相关性，降雨量越大，产生的径流量也越大。地表径流输出量高的地方集中在居民居住地。

6）奇峰河流域产沙量与径流量的时空特征分析表明，产沙量与径流量在年尺度与月尺度上均呈显著的正相关性，降雨量越大，产生的泥沙量也越大。在空间上，流域上游的林地与园地的土地利用类型下，泥沙输出量最大。

综上所述，本章构建的 AnnAGNPS 模型能够准确地模拟桂林市岩溶地区奇峰河流域的径流、TN 与 TP 的含量。

第 4 章 奇峰河流域非点源氮磷模拟时空分布及关键污染区识别

NPS 污染是目前国内农村显著的问题，已经引起了周围水域的富营养化。第 2 章流域的水质调查表明奇峰河流域的主要污染物为 N、P，初步识别了流域内污染物的主要来源是 NPS 污染。流域内不同的土地利用方式单位集水面积的污染负荷具有差异性，整个流域面积占比小的集水单元有可能输出更高总量的污染物[236-238]。那些集水单元"贡献"着高污染物负荷输出，对整个流域水体环境发挥着决定性作用。因此，高污染无输出的区域应成为 NPS 污染防护与治理的重点区域即关键污染区。第 3 章构建了奇峰河流域的 AnnAGNPS 模型，并且验证了模型在岩溶地区的适用性，初步对径流与泥沙进行模拟并分析时空规律。因此本章重点对奇峰河流域 NPS 污染进行源—汇过程中污染物输出的定量化研究，综合分析 NPS 污染 N、P 负荷在年际间、年内与空间上的变化情况，揭示其时空变化规律。因 NPS 污染具有分布范围广、机理复杂、随机性强等特点，对 NPS 污染的监测防控以及治理产生巨大的挑战。而 NPS 污染的防控治理会耗费大量的人力、物力与财力，因此识别关键污染区，将有限的资源放在关键污染区，对流域内 NPS 污染关键区进行识别，把握治理的重点区域，可以为后续根据关键污染区制定管理措施提供参考依据。

4.1　奇峰河流域非点源氮素负荷

4.1.1　非点源氮素年际变化

本章的模拟周期为 2009—2018 年，模型模拟的 NPS 氮素的负荷量与径流量之间的关系如图 4-1 所示，相关性统计见表 4-1。非点源 TN 的年产量与流域出口处的模拟径流量的变化趋势关系基本一致，Spearman 相关性为 0.383，与降雨量的相关性为 0.367，表明有 36.7%的因素与降雨有关，剩下部分主要与蒸发、温度、风速以及下垫面的因素有关。在模拟周期间，TN 的最大值（$58.61×10^2$ t）出现在 2015 年，最小值（$19.77×10^2$ t）出现在 2011 年，两者相差了 2.96 倍，体现了 NPS 污染的不确定性以及波动性。

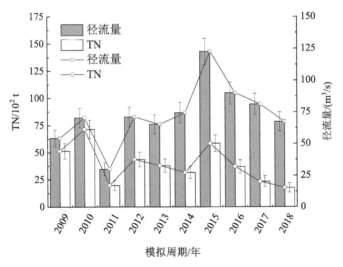

图 4-1　2009—2018 年 TN 与径流量的年际变化趋势

表 4-1　年际内不同形式氮与径流量的相关性统计

	吸附氮	溶解氮	TN
R^2	0.413	−0.31	0.383
P	0.234	0.383	0.274

4.1.2 非点源氮素年内变化

NPS 氮素在年际间有一定的波动性，TN 与模拟的径流量的相关性较低，年内 TN 负荷量的时间变化规律如图 4-2 所示。表 4-2 为各形态氮素与模拟径流量的 Spearman 相关性系数，AN、TN 与模拟径流量的相关性均大于 0.92，呈显著相关（$P<0.005$），表明 AN 与 TN 主要是通过径流量到达河流出口处，AN 主要为铵态氮，带正电荷，土壤颗粒带负电荷，因此会附着在土壤颗粒上，土壤颗粒进入水体的方式主要为土壤地表径流、水土流失作用，吸附态氮是组成 TN 的主要形式，TN 会随着径流而进入水体。DN 与径流量的相关性较低，未达到显著相关，DN 的主要形式为硝态氮，带负电荷，易随着水流失。

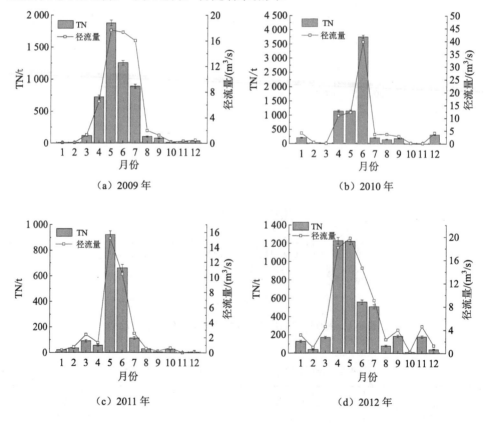

（a）2009 年

（b）2010 年

（c）2011 年

（d）2012 年

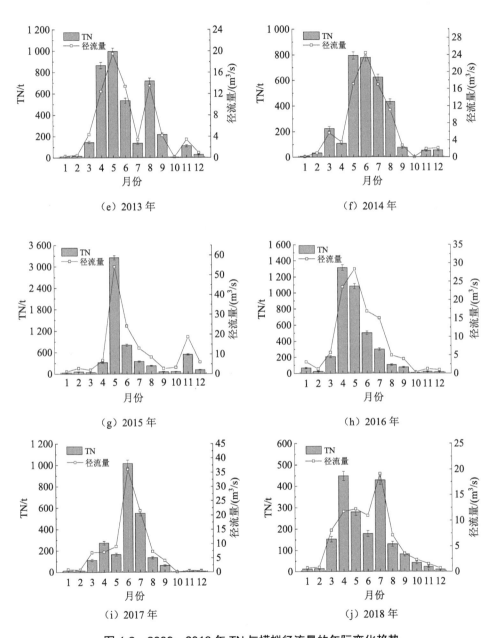

图 4-2　2009—2018 年 TN 与模拟径流量的年际变化趋势

表4-2 各形态氮素与模拟径流量的 Spearman 相关性系数

年份	吸附氮	溶解氮	TN
2009	0.945	0.910	0.948
2010	0.996	0.754	0.997
2011	0.996	0.731	0.998
2012	0.969	0.550	0.970
2013	0.969	0.704	0.970
2014	0.978	0.730	0.979
2015	0.972	0.846	0.972
2016	0.937	0.500	0.938
2017	0.987	0.629	0.988
2018	0.922	0.755	0.926

从图 4-2 可以看出，TN 与径流量的变化趋势基本一致，2009 年与 2018 年的趋势符合度没有那么高，其他年份的符合趋势更好。TN 污染主要发生在 4—8 月，这个时间段为流域内的汛期，即 TN 主要分布在雨季，随着降雨量的增加而增加，暴雨会冲刷地表土壤，地表的 NPS 污染物随着地表径流进入流域内。而 1—3 月、9—10 月，TN 的污染量较少，没有出现大波动，此时是奇峰河流域内的平水期与枯水期，降雨量减少，形成的地表径流也随着减少，污染物随之减少。在模拟周期的 10 年内，4—8 月汛期产生的 TN 污染量分别占全年总量的 94.31%、89.50%、90.23%、82.63%、85.86%、86.12%、84.58%、88.86%、90.53%、81.38%。李开明等[139]的研究也表明，TN 的年内变化与降雨量的年内变化一致，4—9 月丰水期的 NPS 污染负荷输出量基本上占年内输出总量的 80% 以上。这种现象可以解释为在雨季，强降雨导致更强烈的土壤侵蚀，因而 TN 的输出更多[240]。Song 等[240]对喀斯特流域的氮流失机制研究发现，大约 90% 的氮损失负荷发生在雨季，其中有 90% 通过地下径流流失。

4.1.3 非点源氮素空间分布解析

AnnAGNPS 模型计算的 NPS 污染负荷以日为单位输送到流域出口处的污染量，因此在输送到出口处时会有一定的损失量。NPS 污染空间分布的差异性是许多因素共同影响的结果，流域的气候变化、土地利用类型变化、土壤类型与坡度、人类活动等均是影响因素。图 4-3 为 2009—2018 年的氮素年均负荷量的空间分布情况。由图 4-3 可知，奇峰河流域 AN 与 TN 年均负荷输出量空间上分布不均匀，含量高的地方主要在流域的上游位置以及流域内子流域较大的区域。上游主要以林地与果园为主，这些地方的地形坡度较大，同时果园地的施肥量大，容易随着径流流失到流域水体。而 DN 的分布主要集中在下游水稻种植区域，是能够被农作物吸收的溶解态氮素。DN 比 AN 与 TN 的空间分布更均匀。通过对比径流量与泥沙负荷量的空间分布图（图 3-28 与图 3-31）可以发现，在径流量与泥沙量负荷量高的地方，AN 与 TN 的负荷量也相应较高，表明氮素的输出与径流量和泥沙具有相关性。同样也表明非点源 AN 与 TN 污染不仅受到空间分布不均匀的径流量与泥沙的影响，还与土地利用变化以及人类活动息息相关。相比之下，三峡库区典型小流域的果园地并不是产量最高的区域，这说明相同的土地利用与不同的施肥管理技术影响了 NPS 污染的减少[241]。

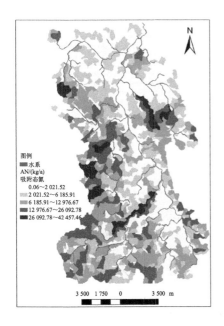

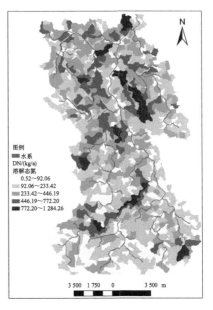

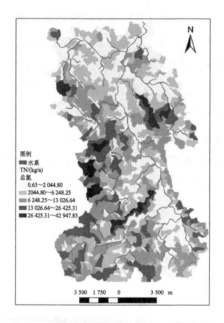

图4-3　非点源 AN、DN 与 TN 的年均负荷量的集水单元空间分布

4.2　奇峰河流域非点源磷素负荷

4.2.1　非点源磷素年际变化

本章的模拟周期为 2009—2018 年，模型模拟的 NPS 的 TN、TP 的负荷量与径流量之间的关系如图4-4 所示。非点源 TP 的年产量变化趋势稳定，没有出现较大的波动。地表径流与不同形态磷的相关性统计见表 4-3，Spearman 相关性为 0.402，与径流量的相关性为 0.386，表明有 38.6% 的因素与降雨有关，剩下部分主要受蒸发、温度、风速以及下垫面因素的影响，这与氮素的结果是相一致的。在模拟周期间，TP 的最大值 $17.87×10^2$ t 出现在 2010 年，最小值 $4.92×10^2$ t 出现在 2011 年，最大值出现的年份与径流最大值的年份并不在同一年，可以体现 NPS 磷素污染的不确定性。

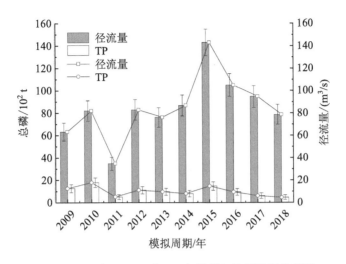

图 4-4　2009—2018 年 TP 与模拟径流量的相关关系

表 4-3　不同形态磷与径流量的相关性统计

	吸附无机磷	吸附有机磷	溶解磷	TP
R^2	0.376	0.417	0.376	0.402
P	0.284	0.23	0.285	0.248

4.2.2　非点源磷素年内变化

NPS 磷素年内的变化规律与模拟的径流变化趋势相一致。表 4-4 为各形态氮素与径流量的 Spearman 相关性系数，吸附态无机磷（AIP）、吸附态有机磷（AOP）、溶解态无机磷（DIP）与 TP 和径流量的相关性系数均大于 0.925，呈显著相关（$P<0.005$），表明径流量是非点源磷素主要驱动力。AP 是 TP 的主要组成部分，约占 TP 的 80%以上，AP 主要吸附在固体颗粒与生物体细胞内。

表 4-4　不同年份各形态磷素与模拟径流量的 Spearman 相关性系数

年份	AIP	AOP	DIP	TP
2009	0.957	0.945	0.957	0.950
2010	0.997	0.996	0.997	0.997
2011	0.999	0.996	0.999	0.998
2012	0.975	0.969	0.975	0.971

年份	AIP	AOP	DIP	TP
2013	0.975	0.968	0.975	0.971
2014	0.981	0.981	0.978	0.979
2015	0.974	0.972	0.993	0.972
2016	0.945	0.937	0.945	0.939
2017	0.992	0.987	0.992	0.989
2018	0.937	0.919	0.937	0.925

图 4-5 显示了 TP 与模拟径流量的变化趋势一致。TP 的主要污染负荷量在丰水期（4—8 月），说明 TP 与降雨径流呈现相关性。1—3 月、9—12 月是奇峰河流域的平水期与枯水期，降雨量减少，TP 的负荷量变化不大，较为稳定，没有出现大波动。2009—2018 年，4—8 月汛期内产生的 TP 占全年总量分别为 95.33%、89.75%、91.26%、83.12%、86.09%、86.38%、84.53%、88.90%、90.59% 和 81.72%。这与其他人的研究结果相似，证明了 AnnAGNPS 模型在岩溶地区模拟的准确性[139]。

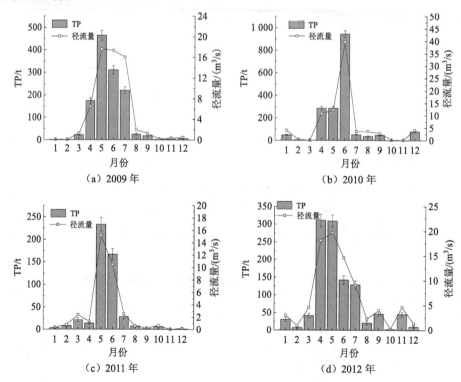

（a）2009 年 （b）2010 年
（c）2011 年 （d）2012 年

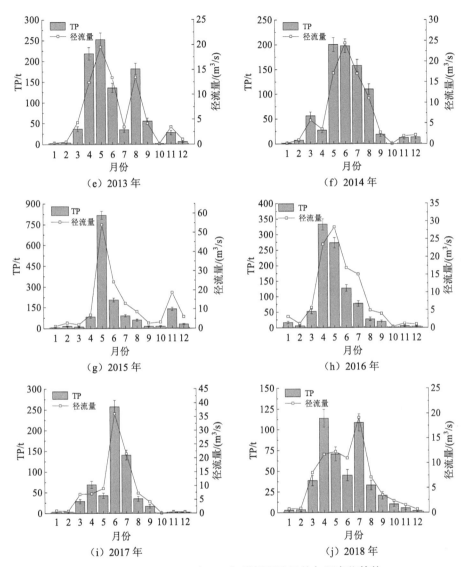

图 4-5　2009—2018 年 TP 与模拟径流量的年际变化趋势

4.2.3　非点源磷素空间分布解析

图 4-6 显示了奇峰河流域 NPSTP 年负荷输出量空间分布的不均匀性,通过对比径流量与泥沙负荷量的空间分布(图 3-30),可以发现,在径流量与泥沙量负荷

量高的地方，TP 的负荷量也相应较高，表明非点源 TP 污染受到了径流量空间分布不均匀性的影响。同时 TN 与 TP 的空间分布特点相一致，只是负荷量大小不同，这说明 TN 与 TP 的驱动力因子相同。

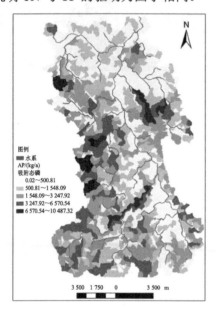
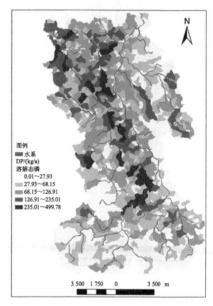

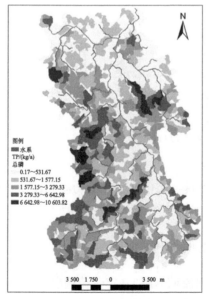

图 4-6　非点源 AP、DP 与 TP 的年均负荷量的集水单元空间分布

4.3　不同土地利用类型下非点源氮磷负荷模型输出量

4.3.1　不同土地利用下非点源氮磷年均负荷输出特点

探讨奇峰河流域内不同土地利用类型与 NPS 污染之间的关系，对 2015 年、2017 年与 2018 年的三期土地利用情况进行重新分类，得出新的土地利用类型，对奇峰河流域进行不同土地利用类型下的 NPS 污染模拟，得到模拟周期内的年平均污染负荷量。本章的土地利用类型经过重分类后，TopAGNPS 划分结果中的各土地利用类型的面积与所占流域面积比例见图 4-7 与表 4-5。

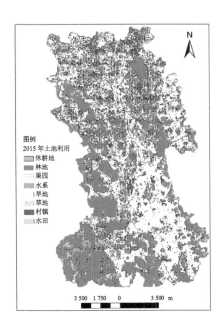
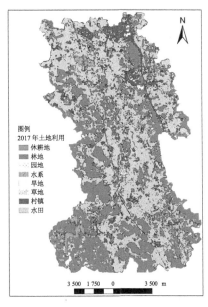

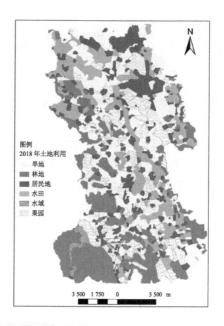

图 4-7 2015 年、2017 年、2018 年的土地利用类型

表 4-5 奇峰河流域 3 年内的主要土地利用类型面积及比例

	旱地	林地	水田	园地	草地	城镇用地
2015 年面积/hm²	9 370.62	3 540.15	7 752.42	1 267.02	590.13	89.37
比例/%	41.45	15.66	34.29	5.60	2.61	0.40
2017 年面积/hm²	69.93	6 885.09	14 649.57	—	52.74	727.47
比例%	0.31	30.45	64.79	0.00	0.23	3.22
2018 年面积/hm²	5 786.10	5 780.25	4 473.36	3 938.85	—	2 306.34
比例%	25.59	25.57	19.79	17.42	0.00	10.20

在 ArcGIS 里重分类的土地利用类型在最终 TopAGNPS 里划分的土地利用有所缺失，这个原因在 3.4 节已经做出解释。因此最终根据 TopAGNPS 划分的结果分析不同土地利用下的 NPS 污染负荷的输出关系。

由表 4-6 可以看出，在研究区内 2018 年土地利用情况下，AN、DN、TN、AP、TP 多年平均负荷最高，2017 年的泥沙与 DP 的多年平均负荷最高。不同年份的土地利用变化对 NPS 污染负荷的输出是有影响的。

表 4-6　不同土地利用变化下 NPS 污染的多年平均模拟量

	2015 年	2017 年	2018 年
地表径流/（10^4 t/a）	23 489.11	24 259.10	21 939.58
泥沙/（10^4 t/a）	255.16	224.56	280.28
AN/（t/a）	4 064.05	3 341.95	4 326.49
DN/（t/a）	166.71	149.23	185.88
TN/（t/a）	4 230.77	3 491.19	4 512.38
AP/（t/a）	1 013.38	842.89	1 081.92
DP/（t/a）	53.37	70.19	55.13
TP/（t/a）	1 066.76	913.09	1 137.05

　　由表 4-7 可知，2015 年的土地利用类型中，面积最大的是旱地，其次是水田，泥沙量输出最大的是林地，DP 输出量最大的是水田，其余指标均是旱地最高。这与他人的研究有所区别，他人研究发现山区地带的 AN 与 AP 是最高的，这是由于本研究区的旱地面积占了整个流域的 41.44%，具有主导优势。而林地的泥沙输出量最大，这是由于土地利用类型为林地的地方坡度最大，容易形成土壤坡面侵蚀，产生的泥沙随着地表径流进入流域的负荷增加。不同土地利用类型下，TN 与 TP 的输出风险大小均相同，为旱地＞林地＞水田＞园地＞草地＞城镇用地。

表 4-7　2015 年不同的土地利用类型下 NPS 污染的模拟量

	旱地	林地	水田	园地	草地	城镇用地
面积/hm²	9 370.62	3 540.15	7 752.42	1 267.02	590.13	89.37
径流/（10^3 t/a）	96 703.78	26 634.71	94 452.95	12 063.03	4 120.54	900.08
泥沙/（10^3 t/a）	967.44	1 227.92	154.91	101.98	97.87	1.49
AN/（t/a）	1 891.65	1 353.18	440.77	224.25	149.81	4.36
DN/（t/a）	86.79	15.78	54.31	5.44	3.08	1.29
TN/（t/a）	1 978.45	1 368.97	495.09	229.70	152.89	5.66
AP/（t/a）	467.46	339.17	113.20	54.84	37.60	1.09
DP/（t/a）	16.65	4.20	30.71	0.39	1.12	0.28
TP/（t/a）	484.11	343.37	143.91	55.23	38.73	1.38

　　由表 4-8 可知，2017 年的土地利用类型中，水田的面积最大，占 64.80%。水田的径流量、DN 与 DP 最大。林地的面积排第二，泥沙、AN、AP、TN 与 TP 的

输出量最大。这与前人的研究相似，即 AN 在山区地带较高的特点，因为泥沙在林地的流失量大，因此泥沙裹挟的 AN 随之增加。不同土地利用类型下，TN 与 TP 的输出风险大小均相同，为林地＞水田＞城镇用地＞旱地＞草地。

表4-8　2017 年不同土地利用类型下 NPS 污染的模拟量

	旱地	林地	水田	草地	城镇用地
面积/hm²	69.930	6 885.090	14 649.570	52.740	727.470
径流/（10³ t/a）	776.637	51 038.241	178 610.283	355.125	7 624.650
泥沙/（10³ t/a）	10.537	1 904.339	309.360	6.895	14.478
AN/（t/a）	15.921	2 384.459	892.224	10.723	38.632
DN/（t/a）	0.603	34.409	103.049	0.240	10.937
TN/（t/a）	16.524	2 418.208	995.273	10.962	49.569
AP/（t/a）	3.962	597.576	228.935	2.699	9.726
DP/（t/a）	0.048	10.576	57.605	0.093	1.875
TP/（t/a）	4.010	608.152	286.540	2.792	11.601

表 4-9 表明，2018 年的土地利用类型中，林地与旱地的面积相当，除了 DN 与 DP 外，径流、泥沙、AN、AP、TN 与 TP 在林地的输出量最大。DN 在旱地的输出量最大，水田"贡献"了最多的 DP。不同土地利用类型下，TN 与 TP 的输出风险大小均相同，为林地＞旱地＞园地＞水田＞城镇用地。

表4-9　2018 年不同的土地利用类型下 NPS 污染的模拟量

	旱地	林地	水田	园地	城镇用地
面积/hm²	5 786.100	5 780.250	4 473.360	3 938.850	2 306.340
径流/（10³ t/a）	481.686	1 770.792	81.451	381.473	82.164
泥沙/（10³ t/a）	481.686	1 770.792	81.451	381.473	82.164
AN/（t/a）	975.163	2 186.301	241.856	700.277	207.448
DN/（t/a）	55.287	28.048	31.578	31.714	34.291
TN/（t/a）	1 030.450	2 214.349	273.435	731.991	241.738
AP/（t/a）	240.883	547.790	61.980	175.304	52.082
DP/（t/a）	11.949	8.504	18.969	8.238	6.431
TP/（t/a）	252.833	556.294	80.949	183.541	58.512

在奇峰河流域内，3 年不同的土地利用变化情况下，2015 年 NPS 污染主要来源于耕地，2017 年与 2018 年 NPS 污染主要来源于林地。研究区水田与坡耕地面积比例高，农田土壤中富含 N、P 元素，在降雨过程中，地表径流对流域的养分通量显著增加。研究也表明，农田化肥中淋溶出的硝酸盐可以在强降雨地表径流发生期间迅速从农田冲到河流中[242]，说明耕地内的人为活动是 NPS 污染的主要影响因素，因此控制研究区域内的 NPS 污染，应该着重在改善人类活动带来的环境污染。

4.3.2　不同土地利用类型下非点源氮磷年均负荷空间分布特征

2015 年、2017 年、2018 年的土地利用类型变化下地表径流的年负荷输出的空间分布如图 4-8 所示。从图中可以看出，地表径流量大的位置大体相同，但是仍然是有变化的。土地利用类型的变化会改变耕地管理措施，不同土壤类型会导致径流曲线数 CN 的取值不同，因此会改变径流总量。

2015 年、2017 年、2018 年的土地利用类型变化下泥沙的年负荷输出空间分布如图 4-9 所示。从图中可以看出，泥沙贡献率大的地方出现在各子流域的上游位置，而这些位置的土地利用类型主要为林地，坡度较高。而流域的中部和下游地区，地势较为平缓，不易产生坡面侵蚀，因此泥沙量较少。

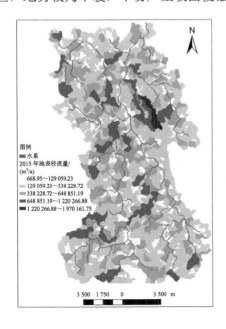

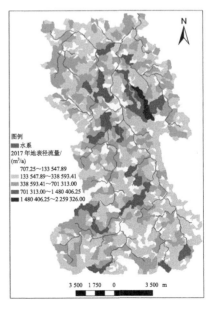

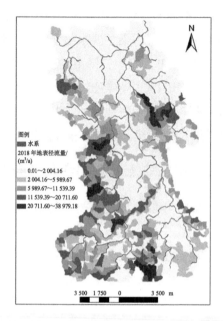

图 4-8 不同土地利用类型下地表径流年均负荷的输出

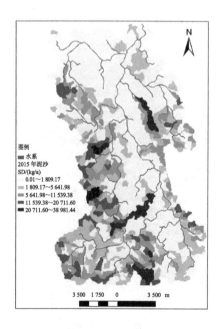

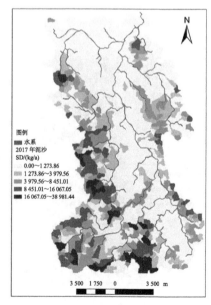

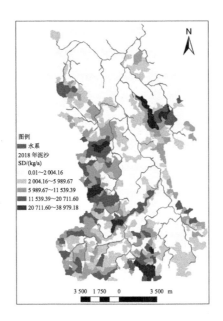

图 4-9　不同土地利用类型变化下泥沙的年均负荷输出量

2015 年、2017 年、2018 年的土地利用类型变化下各形态氮的年负荷输出空间分布如图 4-10～图 4-12 所示。从图 4-10 中可以看出，2015 年与 2018 年的 AN 空间分布规律比较相似，污染最严重的地方都相同，集水单元编号为 822、2193、2192、2632、2933、3762、3763、3822、4752、4753 的地区是 AN 污染高的地方。2017 年 AN 污染高的集水单元变少了，只有集水单元编号为 2532、2363、2933、3632、3763、3793、4752、4753 的地区浓度最高。不同的土地利用类型变化下溶解态氮的年负荷输出空间分布如图 4-11 所示。从图中可以看出，2017 年的 DN 污染是最严重的，污染高的地区污染分布较均匀，2015 年的 DN 污染最轻，2018 年的 DN 污染较轻。不同土地利用类型变化下 TN 的年负荷输出空间分布如图 4-13 所示。结合 3 年不同的土地利用变化图以及图 4-12 可以看出，2018 年的 TN 污染最严重，污染较高的地方集中于林地分布的地方，这些林地地形陡峭，坡度大，土壤侵蚀较为严重，因此更容易产生吸附态氮，而 AN 是 TN 的主要组成部分。前人的研究发现，N、P 输出较高的地方集中在土壤侵蚀严重的地带，同时，农田施肥也是硝酸盐氮升高不可忽视的因素[243]。

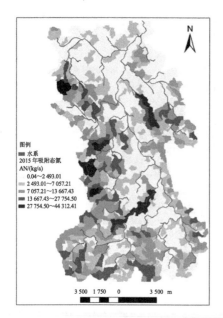

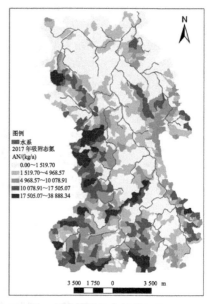

图 4-10　不同土地利用类型变化下 AN 的年均负荷输出量

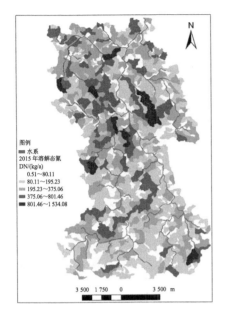

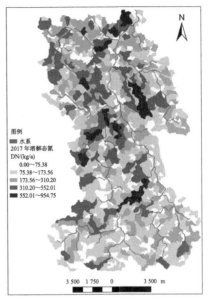

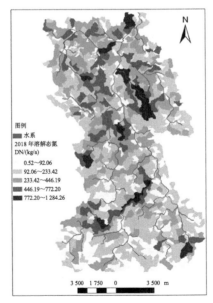

图 4-11　不同土地利用类型变化下 DN 的年均负荷输出

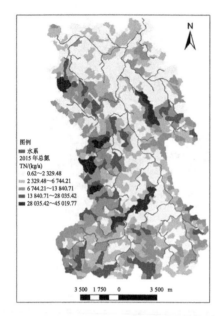

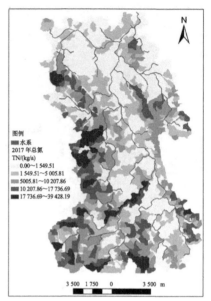

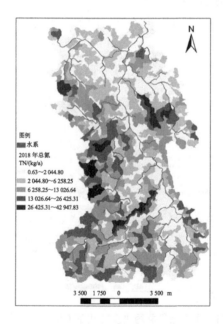

图4-12　不同土地利用变化下 TN 的年均负荷输出量

　　2015 年、2017 年、2018 年的土地利用类型变化下 AP 的年负荷输出空间分布如图 4-13 所示，从图中可以看出，AP 污染的排序为 2017 年＞2015 年＞2018 年，污染严重的均是林地集中地带。不同土地利用类型变化下 DP 的年负荷输出空间分布如图 4-14 所示，从图中可以看出，2015 年的 DP 污染比较轻，2018 年的污染最严重。总结 DP 的空间分布规律发现，其主要集中在流域中部以及由会仙湿地向流域出口处汇合。DP 多产生于耕地，尤其是水田。当耕地的土地利用类型为水田时，水田中土壤常保持湿润，作物未吸收的化肥将通过地表径流或土壤下渗到地下径流中，因而水田的 DP 较其他的土地利用类型的 DP 输出量高。不同土地利用类型变化下 TP 的年负荷输出空间分布如图 4-15 所示，从图中可以看出，2018 年的 TP 污染最严重，2017 年的 TP 污染最轻。TP 输出量主要集中在山区林地，与 TN 的分布规律相同，这表明 TN 与 TP 的污染源相同。

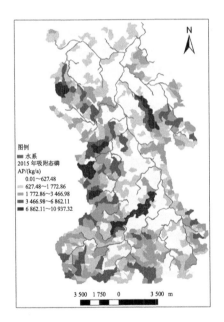

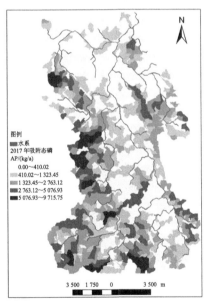

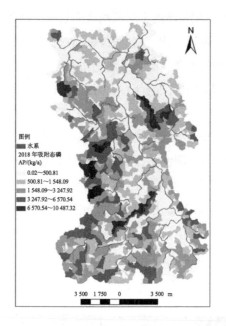

图 4-13　不同土地利用类型变化下 AP 年均负荷输出量

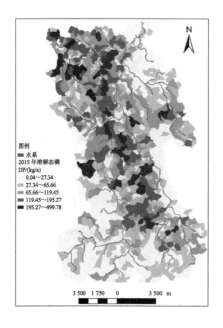

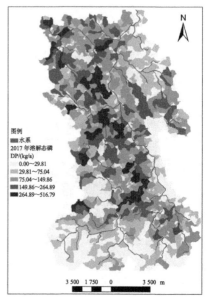

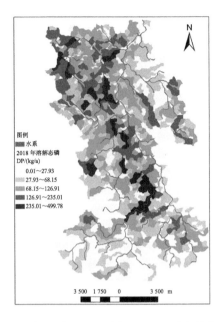

图 4-14　不同土地利用类型变化下 DP 的年均负荷输出

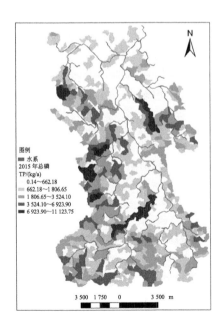

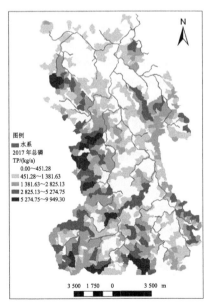

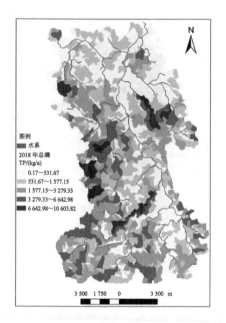

图 4-15　不同土地利用类型变化下 TP 的年均负荷输出量

综上所述，在奇峰河流域，非点源 TN 与 TP 的污染输出风险排序为林地＞耕地＞城镇用地＞果园＞草地。研究区奇峰河流域的上游及西部地区的主要土地利用类型是林地，林地可以减少径流量的产生，但是会增加土壤侵蚀量，同时 AP也会增加，从而导致 TN 与 TP 增加。已有的研究也表明，土壤侵蚀量与 NPS 氮磷具有很好的相关性。也有研究表明，土地利用方式是影响面源污染物流失的重要因素，城镇用地、坡耕地与荒地是流域污染物流失的关键源区[145]。本章的研究结果与 Chen 等[244]研究的关于喀斯特地区不同土地利用方式下氮磷的流失规律相同，林地是主要的输出土地利用类型。

4.4　非点源氮磷关键污染区识别与风险评价方法

4.4.1　非点源氮磷关键污染区识别

目前关于 NPS 污染关键污染区的识别方法主要有输出系数法、污染指数法、分布式水文模型法等。输出系数需借助大量的实地监测数据来确定，而我国流域的监测站点少且数据监测频率低，因此应用输出系数法对关键污染区识别时，可能会产生较大的误差[246]。污染指数法在识别 NPS 污染关键污染区的应用中有较大的实用性，容易获取相关参数，评价指标体系的构建较灵活，但是评价的结果主要表示 NPS 污染物潜在的流失风险系数的高低，并不是实际的污染物流失量。而分布式水文模型法则可以基于空间离散的集水单元，针对离散集水单元中的空间属性、降水分布土壤类型和土地利用类型进行精准赋值，然后计算从河道汇流至流域的不同集水单元的泥沙和污染物的负荷量，可以精准定位至每个集水单元、每条汇水河段，从而识别各类污染物的关键污染区。

　　某集水单元污染物对研究区整个流域的贡献为单位面积污染物产出与集水单元面积的乘积，如果考虑成本收益，应将单位面积下污染物产出较高的区域作为污染物控制治理的优先区域。因此本章以单位集水面积下污染物产出量为评价指标确定流域内的关键污染区。按照集水单元中单位面积的 NPS 污染物产出率由高到低计算每个集水单元的累计面积百分比与污染物输出累计百分比，得到面积累积百分比与污染物输出累积百分比关系曲线图，最后根据流域内 NPS 污染物的防控目标来确定关键污染区。

4.4.1.1　氮素的关键污染区

　　从图 4-16 可以看出，单位面积输出量排名前 10 的集水单元的面积占比为 6.06%，AN 污染物输出的百分比为 20.61%。排名前 10 的集水单元编号分别为 4711、3941、3811、3691、3793、4751、3821、3813、4211、4043，这些集水单元的单位面积输出污染物较高。从集水单元面积的百分比与对应的 AN 年均输出累积百分比曲线可以看出，50%的集水单元面积就输出了近 80%的 AN 负荷量，表明 AN 在空间上的分布异质性较大，分布较不均匀。

　　排名前 10 的集水单元的面积比为 2.77%，DN 污染物输出的百分比为 8.97%。DN 单位面积输出排名前 10 的集水单元编号分别为 4503、4083、4942、4883、4872、4492、4463、4912、4902、4483。从集水单元面积的百分比与对应的 AN 年均输出累积量的百分比曲线可以看出，排名靠前的集水单元累计面积百分比与 DN 输出的百分比大致呈现 2 倍趋势，随后近似相等，表明 DN 主要积累在排名前 10 的集水单元内，而这些集水单元的土地利用类型为耕地，主要种植水稻。这可能是由于耕地中过量施用各种化学肥料以及有机肥料，其他有机氮也会被土壤中的微生物分解从而转换成作物可吸收的溶解态的硝酸盐氮、铵态氮，但是由于过量施肥，且作物吸收效果不好或者吸收已经达到饱和状态，那么剩余的溶解态氮则随着地表径流进入水体。

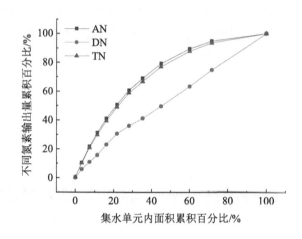

图 4-16　集水单元面积累计百分比与 TN 输出累计的百分比关系

排名前 10 的集水单元的面积比为 6.06%，TN 污染物输出的百分比为 19.84%。TN 单位面积输出排名前 10 的集水单元编号分别为 4711、3941、3811、3691、3793、4751、3821、3813、4211、4043。排名前 10 的集水单元的编号与 AN 的相同，说明 AN 是 TN 的主要组成部分，占主导地位，而这些集水单元的土地利用类型主要为果园地，果园地的施肥量同样是超标的，且果园地多位于上游坡度较大的坡耕地上，水土流失较其他地方严重，因此容易导致集水单元内的输出量过高。

4.4.1.2　磷素的关键污染区

从图 4-17 可以看出，AIP 排名前 10 的集水单元的面积比为 4.83%，AIP 污染物输出的百分比为 16.18%，排名前 10 的集水单元编号分别为 4711、3941、4043、1421、1501、1461、1483、3691、1481、4171；AOP 排名前 10 的集水单元的面积比为 4.83%，AOP 污染物输出的百分比为 16.07%，排名前 10 的集水单元编号

分别为 4711、3941、4043、1421、1501、1461、1483、3691、1481、4171；DOP
排名前 10 的集水单元的面积比为 5.74%，DOP 污染物输出的百分比为 17.98%，
排名前 10 的集水单元编号分别为 4922、1282、4382、4292、4283、4293、4402、
4392、4442、4393；TP 排名前 10 的集水单元的面积比为 6%，TP 污染物输出的
百分比为 19.64%，排名前 10 的集水单元编号分别为 4711、3491、3811、3691、
3793、4751、3821、3813、4043、4211。不同形态磷的集水单元面积累计百分比
与污染物输出累计百分比的变化趋势相同，50%的集水单元累计面积输出了近
80%的不同形态磷，表明磷在空间上的分布异质性较大，分布较不均匀。

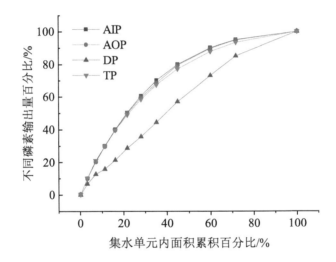

图 4-17　集水单元面积累计百分比与输出累计的百分比关系

综合以上结果，得到排名前 10 的不同形态氮磷指标污染物单位面积负荷量的
集水单元编号，见表 4-10。从表中可看出，对于不同形态氮磷的调控，可以将集
水单元编号为 4711、3941、3811、3691、3793、4751 的区域作为关键污染区。4711、
3941 是 AN、TN、AIP、AOP 与 TP 输出最高的集水单元，应该作为主要的关键
污染区。

表 4-10　不同类型的氮磷污染物排名前 10 的集水单元编号

指标	集水单元编号
AN	4711、3941、3811、3691、3793、4751、3821、3813、4211、4043
DN	4503、4083、4942、4883、4872、4492、4463、4912、4902、4483
TN	4711、3941、3811、3691、3793、4751、3821、3813、4211、4043
AIP	4711、3941、4043、1421、1501、1461、1483、3691、1481、4171
AOP	4711、3941、4043、1421、1501、1461、1483、3691、1481、4171
DOP	4922、1282、4382、4292、4283、4293、4402、4392、4442、4393
TP	4711、3491、3811、3691、3793、4751、3821、3813、4043、4211

4.4.2　非点源污染风险评价模型

NPS 污染因子表征的是源污染物在陆地上的潜在输出能力，影响因子主要分为源因子与迁移因子。多准则分析方法是一个有效的分析工具，为不同领域的决策者提供一个决策框架。本章采用多准则分析（MCA）方法，构建奇峰河流域的NPS 污染风险评价模型。

在氮磷模拟参数敏感性等级分析基础上，基于污染物的产生、迁移和削减过程，选取土壤可侵性因子（K）、土地利用因子（L）、径流曲线数（CN）、贡献距离（D）4 个指标，以此评价 NPS 污染物对受纳水体的潜在风险。

理想解法（TOPSIS）是选择与理想方案距离最小且与负理想方案距离最大的方案作为最优方案。本章采用改进的理想解法是遵循客观准确的原则对上述 4 个因子赋予权重。非点源污染风险（NPSA）评价公式为

$$\text{NPSA} = w_1 \times K + w_2 \times L + w_3 \times \text{CN} + w_4 \times D \tag{4-1}$$

式中，NPSA —— NPS 污染风险评价的评分值；

w_1、w_2、w_3 与 w_4 —— 分别表示 K、L、CN、D 的权重值。

4.4.2.1　源因子

本章将土地利用因子（L）上产生的污染源作为源因子，来反映不同土地利用类型下产生污染负荷量的潜在可能性，污染负荷产生量越大，则土地利用因子（L）值越大。本章选择输出系数法确定不同土地利用因子的指标分值，通过氮磷输出系数相加得到 L 因子的值（图 4-18）。

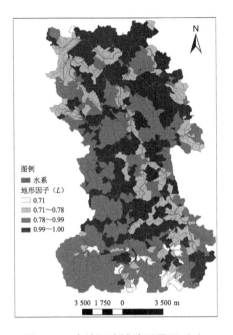

图 4-18　奇峰河流域地形因子（L）

　　本章的研究区域位于桂林市某农村，人畜排污系数的确定采用《全国水环境容量核定技术指南》的推荐值。目前的土地利用分类体系中无法实现每个乡镇的畜禽养殖土地利用面积，且研究区的畜禽养殖大部分为分散养殖，因此将农村人口、畜禽养殖的产污量加算在农村居民点上。农田化肥的数据主要参考生态环境部规定的输出系数（表 4-11）。

表 4-11　不同污染源及输出系数

土地利用类型	污染源	氮产污系数	磷产污系数	土地利用因子	归一化值
农村居民点	人/[kg/（人·a）]	1.825	0.161	1.986	0
	牛/[kg/（头·a）]	45.9	8.5	54.4	
	猪/[kg/（头·a）]	9.18	1.70	10.88	
	羊/[kg/（头·a）]	3.06	0.567	3.627	
	家禽/[kg/（羽·a）]	0.184	0.034	0.218	71.11
耕地	水田/[kg/（km²·a）]	53.55	42.711	96.26	0.125
	旱地/[kg/（km²·a）]	791.546	47.406	838.952	1
林地	林地/[kg/（km²·a）]	68.92	2.387	71.307	0.000 256
园地	园地/[kg/（km²·a）]	672.365	32.494	704.859	0.825

4.4.2.2 迁移因子

迁移因素主要包括直接与间接影响污染源从陆地到水域运输能力的因素，并确定污染源是否可以转化为实际损失。目前主要考虑的传输因子有土壤侵蚀因子、径流因子、降雨侵蚀因子、距离因子等。

（1）土壤侵蚀因子

土壤侵蚀因子能反映土壤的水土流失情况，降雨诱发的水土流失也是 NPS 污染的发生机理之一。土壤侵蚀的泥沙既是一种污染物、同时也作为媒介载体，携带污染物进入受纳水体，造成水体不同污染物的污染。前面的研究结果表明，泥沙量与氮磷污染物具有显著相关性。因此，通过计算土壤侵蚀的泥沙产生量可以估算氮磷的流失量，确定其污染风险等级。

研究区的土壤主要有 3 种，根据土壤侵蚀因子的计算式（4-1）可以得出 3 种土壤侵蚀因子。红泥黏土 A=0.018，红泥石灰土 B=0.019，潜育水稻土 C=0.03，归一化值分别为 0、0.05、1。利用 ArcGIS 的叠加分析功能，归一化后得到土壤侵蚀因子图（图 4-19）。

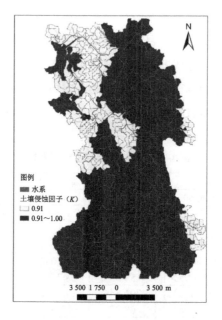

图 4-19　奇峰河流域土壤侵蚀因子（K）

（2）径流因子

径流是 NPS 污染在陆地与水域迁移传播的驱动力，许多研究已表明，径流量与氮磷负荷量具有显著相关性。本章通过多径流的模拟也得出同样的验证结果，即径流量与氮磷的负荷量具有显著相关性，相关系数大于 0.9。NPS 模型中，径流曲线数 CN 对径流的模拟是最敏感的参数，代表了产生径流的能力。本章得出 2009—2018 年径流年均负荷量模拟值，归一化后得到径流因子 R 图（图 4-20）。

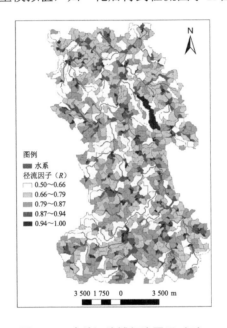

图 4-20　奇峰河流域径流因子（R）

（3）距离因子

自然界的氮磷循环过程中，只有部分侵蚀颗粒与地表径流进入河流，其他部分颗粒物在到达河流前重新沉积或者入渗到地下。进入河流的污染物颗粒比重与许多因素有关，例如与水体的距离、降雨强度、地形坡度、土壤孔隙度与缓冲带的设置等。贡献距离以及缓冲带宽度常被用来表征污染源到水体的连通率。污染物距离流域越近，进入流域水体的污染量越大，距离越远，进入水体的污染量越小。距离因子的确定常用的有几何距离法、关键阈值直接赋值法。

本章根据划分的子流域集水单元以及水系图，使用 ArcGIS 的距离分析模块，计算各集水单元格距离水体的欧式距离，并进行等级划分，将集水单元至水体的距离划分为 5 个等级：<0.5 km、0.5～1.5 km、1.5～3 km、3～5 km、>5 km，并分别赋值 1、0.9、0.7、0.5、0.2，结果如图 4-21 所示。

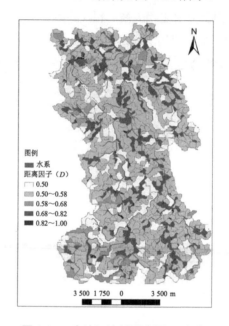

图 4-21　奇峰河流域距离因子（*D*）

4.4.3　权重的确定

在 NPS 污染评价模型中，不同的指标具有不同的权重，评价应该客观，避免主观性，指标权重的确定在评价体系中具有重要地位，直接影响评价结果。指标权重的确定方法主要包括两大类：一是主观赋值法，这类方法主要包括专家打分法、层次分析法等，磷指数法也属于赋值法。二是客观计算法，此类方法主要是应用科学的计算方法，例如熵值法、主成分分析法、多元回归法与理想解法等。主观赋值法的缺点就是主观性太强，不能客观表征权重值，研究者们进而建立与改进了科学计算法，改进的理想解法（Technique for Order Preference by Similarity to Ideal Solution，TOPSIS）是权重确定方法中一个较为完善和科学的方法，其基本思路是计算现有的指标数据，建立目标规划模型，通过指标数据与规划模型联合解出权重值。

选取的 4 个因子具有不同的单位，因此计算权重之前，需要对选取的因子进行归一化处理，归一化的方法采用线性矩阵方法：

$$r_{ij} = \begin{cases} \dfrac{x_{ij} - x_{j\min}}{x_{j\max} - x_{j\min}} & x_{j\max} \neq x_{j\min} \\ 1 & x_{j\max} = x_{j\min} \end{cases} \quad (4\text{-}2)$$

式中，x_{ij} —— 第 i（$i=1$，2，3，…，m）个流域集水单元的第 j（$j=1$，2，3，4）个指标；

r_{ij} —— 各指标归一化后的值；

$x_{j\min}$ 与 $x_{j\max}$ —— 分别表示第 j 各指标的最小值与最大值。

对于任意一个集水单元 i，若（r_{i1}，r_{i2}，r_{i3}，r_{i4}）为（1，1，1，1）时，则表示污染风险最高；若（r_{i1}，r_{i2}，r_{i3}，r_{i4}）为（0，0，0，0）时，则表示污染风险最低。假设 K、L、R 与 D 对应的权重分别为 w_1、w_2、w_3、w_4，则第 i 个流域集水单元与污染最严重（1，1，1，1）及污染最轻（0，0，0，0）流域集水单元的加权距离平方和为

$$f_i(w) = f_i(w_1,w_2,w_3,w_4) = \sum_{j=1}^{4} w_j^2(1-r_{ij})^2 + \sum_{j=1}^{4} w_j^2 \times r_{ij}^2 \quad (4\text{-}3)$$

式中，$f_i(w)$ —— 加权距离平方和；

$\sum_{j=1}^{4} w_j = 1, w_j \geq 0, (j=1,2,3,4)$。

风险评价的目标是在 m 个流域集水单元中识别出流域内潜在污染严重的区域。因此，假设 $f_i(w_i)$ 趋于最小时，那么第 i 个流域集水单元与污染最严重的流域集水单元及污染最轻的流域集水单元的加权距离平方和最小，i 收敛于风险最高与风险最低的中间，也就是 i 为（0.5，0.5，0.5，0.5）。而距离污染最严重（1，1，1，1）或者污染最轻（0，0，0，0）的集水单元只能有限地识别出来，因此通过拉格朗日中值定理，构建了 NPS 污染评价目标规划的拉格朗日模型。

NPS 污染评价的目标规划模型构建如下：

$$\min f(w_i) = \sum_{i=1}^{m} f_i(w_1,w_2,w_3,w_4) \quad (4\text{-}4)$$

式中，$f_i(w_1, w_2, w_3, w_4)$ ——第 i 个集水单元与污染最严重的集水单元（1，1，1，1）及污染最轻的集水单元（0，0，0，0）的加权距离平方和。

$$f_i(w_1, w_2, w_3, w_4) = \sum_{j=1}^{4} w_j^2 [(1 - r_{ij}^2) + r_{ij}^2] \qquad (4-5)$$

式中，$w_1 + w_2 + w_3 + w_4 = 1$，$w_{ij} > 0$，$r_{ij}$ 是将 K、L、R、D 四个因子分别归一化后的值。对加权距离平方和构建拉格朗日函数，并分别对 w_1、w_2、w_3、w_4、γ 求偏导数，令求得偏导数后的等式为 0，即可解出权重值 w_1、w_2、w_3、w_4、γ。

拉格朗日函数为

$$F(w, \lambda) = \sum_{i=1}^{m} \sum_{j=1}^{4} w_j^2 \left[(1 - r_{ij}^2) + r_{ij}^2 + \lambda (1 - \sum_{j=1}^{4} w_j) \right] \qquad (4-6)$$

对构建的拉格朗日函数求偏导数，偏导数方程为

$$\frac{\partial_F}{\partial_{wj}} = 2 \sum_{i=1}^{m} w_j [(1 - r_{ij}^2) + r_{ij}^2] - \lambda = 0 \qquad (4-7)$$

$$\frac{\partial_F}{\partial_\lambda} = 1 - \sum_{j=1}^{4} w_j = 0 \qquad (4-8)$$

$$2w_1 \sum_{i=1}^{m} [(1 - r_{i1}) + r_{i1}^2 - \lambda = 0] \qquad (4-9)$$

$$2w_2 \sum_{i=1}^{m} [(1 - r_{i2})^2 + r_{i2}^2 - \lambda = 0] \qquad (4-10)$$

$$2w_3 \sum_{i=1}^{m} [(1 - r_{i3})^2 + r_{i3}^2 - \lambda = 0] \qquad (4-11)$$

$$2w_4 \sum_{i=1}^{m} [(1 - r_{i4})^2 + r_{i4}^2 - \lambda = 0] \qquad (4-12)$$

$$w_1 + w_2 + w_3 + w_4 = 1 \qquad (4-13)$$

解出方程的解，可以得到权重值，$\lambda = 258.65$，$w_1 = 0.216$，$w_2 = 0.226$，$w_3 = 0.252$，$w_4 = 0.307$，这就确定了流域内 4 个因子的权重值，然后根据 NPS 污染评价式（4-3）计算 NPA 风险值，NPA 的值域为（0～1），再利用 ArcGIS 软件对 NPS 污染潜力风险评价作图。

4.4.4　风险分区与管理

识别 NPS 关键污染区，可以通过对风险评分值 NPA 进行风险等级划分，并差异性管理，精准治污，在有限的资源下做到最大程度的保护与管理。TOPSIS 规划方法会优先识别污染相对严重的区域，NPA 则呈正态分布，而不是均匀分布，在划分区域时不能单纯地均匀划分。根据基本的"适度保护、优先规划、重点保护"环境规划保护思想对奇峰河流域进行风险分区，分区结果见表 4-12。

表 4-12　奇峰河流域非点源污染风险分区

NPA 评分值	分区类型
0～0.3	潜在污染风险区
0.3～0.5	轻度污染风险区
0.5～0.7	中度污染风险区
0.7～0.8	强度污染风险区
0.8～1.0	重度污染风险区

4.5　奇峰河流域非点源污染风险分区

根据计算所得 NPA 值，以及划分的分区等级，实现对桂林市奇峰河流域关键污染区的识别。分区是为了达到精准治污、精准管理的目的，NPS 污染具有分散性，只对流域进行风险识别远远不够，还应对流域进行划分，然后针对性地选择管理措施，并与规划相结合，最大限度地削减 NPS 污染。

ArcGIS 中使用空间分析模块，得到桂林市奇峰河流域的 NPS 污染风险分值分布图（图 4-22），同时根据表 4-12 划分的分区管理等级，得到奇峰河流域的 NPS 污染风险分区分布图，识别出关键污染区。

图4-22 奇峰河流域潜在污染风险分值分布

表4-13 奇峰河流域各污染风险等级的统计结果

土地利用类型	潜在污染风险		轻度污染风险		中度污染风险		强度污染风险	
	面积/hm²	比例/%	面积/hm²	比例/%	面积/hm²	比例/%	面积/hm²	比例/%
水田	980.64	11.85	1 913.22	23.89	1 579.5	31.05	0.00	0.00
旱地	0.00	0.00	1 744.29	21.78	2 801.79	55.10	1 240.02	99.67
林地	5 981.13	72.30	2 936.88	36.67	218.43	4.30	0.00	0.00
果园	20.16	0.24	332.01	4.15	226.44	4.45	4.05	0.33
村镇	1 290.42	15.60	1 081.53	13.51	259.20	5.10	0.00	0.00
小计	8 272.35	36.59	8 007.93	35.42	5 087.36	22.49	1 444.07	5.50

桂林市奇峰河流域风险分区分布具有以下特点:

从表4-13与图4-22～图4-26中可以看出,奇峰河流域的NPS污染风险分区的总体特点是上游污染风险较低,风险值为0～0.3,流域中游的污染风险较高,流域主干线的污染风险较高。奇峰河流域潜在污染与轻度污染的面积占整个流域面积的比例差不多,分别是36.59%与35.42%。中度污染占比为22.49%,而处于强度污染的面积占比为5.50%,只有旱地与果园出现了强度污染,其中旱地占比为99.67%,

说明耕地仍是最主要的污染来源。奇峰河流域仅有 4 个污染等级，没有出现重度污染，潜在污染的比例最大，说明奇峰河流域的 NPS 污染还未全部处于污染状态。

等级 1 是潜在污染风险区（图 4-22），潜在污染风险区主要分布在林地，面积占潜在污染风险区域的 72.30%。土地利用类型主要有阔叶林与针阔混合林，远离村镇，受人类活动影响较小，人为活动造成的污染较小，距离因子的影响是 NPS 污染的主要因素，目前对流域还未产生污染，但是仍然有部分地区距离流域主干道近，具有一定的潜在污染性。因此后期不能随意破坏，否则会增加这个区域内污染物的流失量，对污染物的拦截削减作用减小，甚至在被破坏后成为污染源，因此需要对潜在污染风险的区域进行保护，并采取预防措施。

等级 2 是轻度污染风险区（图 4-23），处于轻度污染风险的区域占流域面积的 35.42%，对 ArcGIS 对 NPS 污染风险分区图与土地利用类型图进行叠加分析，可以发现中度污染风险下的土地利用类型主要是耕地（水田与旱地），共占 45.67%，表明耕地是最大的污染来源。其次是林地，占比为 36.67%，说明仍有部分林地会产生污染。

图 4-23 奇峰河流域轻度污染风险

等级 3 是中度污染风险区（图 4-24），占流域面积的 22.49%，处于中度污染的区域，主要分布在农业耕作区域上，旱地占中度污染区域的 55.10%，水田占 31.05%，说明流域内的农用地是 NPS 污染的主要来源，同时这些区域位置也在河道附近，距离因子也是主要影响因素。处于中度污染的区域，主要受人为耕作活动影响，因此也是最容易控制的，对于农业耕作地带，可以减少施肥量或实行水土保持措施工程等；对于村镇，则是减少直接排入流域水系的生活污水并将生活垃圾妥善处理。

等级 4 是强度污染风险区（图 4-25），主要分布在耕地的旱地上，占强度污染风险区域的 99.67%，其次是林地，只有 0.33%，再次说明耕地仍然是 NPS 污染的主要污染源，因此有必要对强度污染风险区的旱地实行农业最佳管理措施，对其实行更有效的拦截措施。

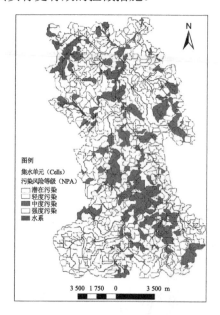

图 4-24　奇峰河流域中度污染风险

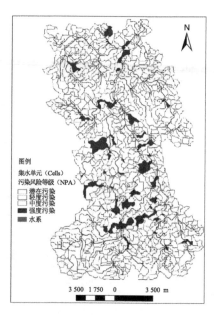

图 4-25　奇峰河流域强度污染风险

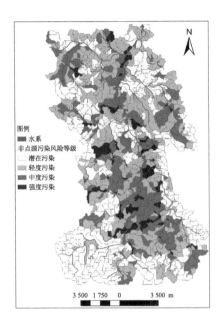

图 4-26　奇峰河流域非点源污染风险分区分布

　　奇峰河流域的 NPS 污染风险主要是轻度污染与潜在污染，说明奇峰河流域的污染风险通过适当的治理后还可以恢复。根据当前奇峰河流域的土地利用类型进行针对性的原地修复以及管理，并且对流域内其他不合理的土地利用的地方优化空间配置，增强流域内生态系统功能。对于强度污染风险区，可以采取更有效的措施，如在河岸植树立林、修建缓冲带等拦截污染物。研究表明[138, 246, 247]，对河岸设立缓冲带与建立湿地系统，可以有效减少 NPS 污染的排放。

4.6　本章小结

　　本章主要利用 AnnAGNPS 探讨了 2009—2018 年奇峰河流域 NPS 污染负荷的时空分布特征，识别流域的关键污染区，并基于 TOPSIS 建立 NPS 风险评价模型，采用风险指数法（NPA）对奇峰河流域进行污染风险分区评价。得出以下结论：

　　1）在年际间，奇峰河流域 NPS 污染负荷变化受到地表径流的影响，各形态氮磷与径流量呈正相关性，随着径流量的增加而增加。

2）在年内，NPS 污染氮磷主要集中在丰水期（4—8 月）。NPS 污染负荷呈现丰水期＞平水期＞枯水期的趋势。对于非点源 TN、TP，4—8 月汛期产生的 TN 污染量分别占全年输出总量的 80%以上。

3）在空间上，奇峰河流域 NPS 污染负荷的空间差异显著，主要受降雨径流的不均匀性、土地利用方式的空间差异性以及土壤类型与坡度等因素的影响，林地的 NPS 污染负荷输出量最大。

4）不同年份的土地利用变化对 NPS 污染负荷的输出量具有影响。在 2018 年土地利用情况下，AN、DN、TN、AP、TP 多年平均负荷最高，2017 年的泥沙与 DP 的多年平均负荷最高。在奇峰河流域，通过模型模拟，非点源 TN 与 TP 的污染输出风险为林地＞耕地＞城镇用地＞果园＞草地。

5）3 年不同的土地利用类型变化下，2015 年 NPS 污染主要来源于耕地，2017 年与 2018 年 NPS 污染主要来源于林地。2015 年土地利用类型下，TN 与 TP 的输出风险大小均相同，为旱地＞林地＞水田＞园地＞草地＞城镇用地。2017 年土地利用类型下，TN 与 TP 的输出风险大小均相同，为林地＞水田＞城镇用地＞旱地＞草地。2018 年土地利用类型下，TN 与 TP 的输出风险大小均相同，为林地＞旱地＞园地＞水田＞城镇用地。

6）奇峰河流域的污染风险主要是潜在污染风险与轻度污染风险，分别占整个流域面积的 36.67%与 35.42%。中度污染风险面积占比为 22.49%，强度污染风险区的面积最少，占比为 5.50%。在潜在污染风险分区中，林地是主要的潜在污染来源。其他 3 个污染分区的 NPS 污染主要来源均是耕地。

7）奇峰河流域的风险空间分布中，上游区域的林地污染风险为潜在污染风险，中游村镇聚集和农业耕作地的地方中度污染风险较高。

第 5 章 奇峰河流域非点源氮磷污染防控策略研究

由不同土地利用类型下 NPS 污染的变化情况可知，影响奇峰河流域 NPS 污染的土地利用类型主要是耕地，耕地上产生了主要的 NPS 氮磷污染，是主要的源头。根据 NPS 污染与土地利用的关系，可以根据匹配的土地利用类型，进行精准的管理措施的情景模拟，为削减流域内的 NPS 污染负荷提供参考。最佳管理措施能减缓与削减 NPS 污染，然而，由于不同的因素，包括地形、土壤特征、地质构造、气候、种植制度与文化习俗，流域内最佳管理措施的效率是不同的[157, 236, 248]。NPS 污染的控制措施可以分为在源头上控制与在过程中减少污染量。流域 NPS 污染的防治控制措施种类繁多且复杂，应用最佳管理措施时需要因地制宜，选择可适用性强的防治措施的情景模拟计算。NPS 污染的 TN、TP 可以通过在不同的空间尺度流域内实施适当类型、适当地点、适当组合与适当的水平结构性或非结构性最佳管理措施来成功控制[249]。

本章将情景模拟的方法应用到奇峰河流域 NPS 污染管理措施中，借鉴毒理学中"等浓度固定比"的思想，分别设置单一措施多情景、多元措施多情景的方案以探讨对 NPS 污染的长期削减效果，旨在选择最佳的 NPS 污染削减措施并为政府部门加以推广提供科学的依据以及理论性支持。

5.1 单一管理措施的情景模拟

本章情景模拟中采用毒理学中"等浓度固定比"的思想，选取 3 个固定的取值分别研究其削减效率,然后根据不同的单一措施,分别采用同一个取值去做混合比例,同时,这 3 个取值根据模型中参数的取值范围,分别设置为 20%、50%、70%。

5.1.1 化肥减量

耕地中化肥的施用是 NPS 污染的主要来源之一,并且许多农村地区,农民为了能增加农作物的产量,往往会过度施肥,造成肥料在土壤中蓄积,并通过地表径流与土壤侧向渗漏,流失到水体中,导致水体的 NPS 污染增加。最佳的管理措施应当是根据农作物自身的生长发育特点以及流域内的土壤状况,进行测土配方施肥,减少施肥量,对养分进行优化管理。

化肥减量设置 3 个情景模式,情景 1:减少 20%的化肥施用量;情景 2:减少 50%的化肥施用量;情景 3:减少 70%的化肥施用量。实施化肥减量措施后,泥沙、AN、DN、TN、AIP、AOP、DP、TP 的削减效果趋势分别如图 5-1～图 5-3 所示。

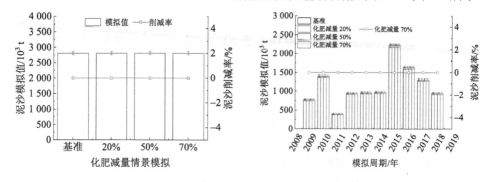

图 5-1 化肥减量情景模拟下泥沙的削减效果

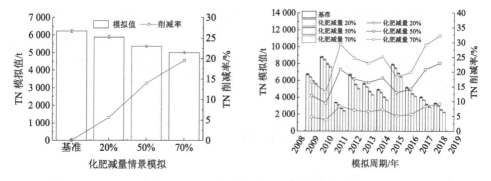

图 5-2 化肥减量情景模拟下 TN 的削减结果

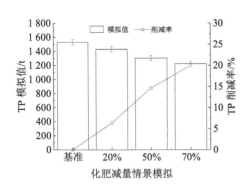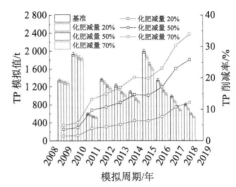

图 5-3　化肥减量情景模拟下 TP 的削减结果

减少化肥施用量对径流量与泥沙量没有削减效果，这与田耀武等的研究结果一致，因为径流量的模拟是基于径流曲线方程计算的，并没有改变 CN 的取值，因此对径流量的模拟没有直接的影响。而径流是泥沙侵蚀的驱动因子，径流量不变，因此也没有改变泥沙侵蚀量。

化肥施用量的减少对于削减流域内 DN 具有积极作用，对于 TN 也有积极的削减作用，而对于 AN 削减没有起到作用，因为减少化肥的用量没有改变径流量与泥沙的含量，因此吸附在泥沙中的 AN 没有发生变化。情景 3 显示减小 70%的施肥量，最高能够削减 64.04%的 DN，DN 的削减率逐渐上升，表明 DN 会随着时间慢慢削减，削减率随着时间的变化而波动。TN 中的硝酸盐氮具有较强的穿透性，稳定的基流以及土壤径流能裹挟这类硝酸盐氮进入流域中，TN 在土壤中的累积性不强，因而对于 TN 的削减是即时的。

化肥施用量的减少对于 AIP、DIP、TP 具有积极的削减作用，但是削减率不算太高。同时，随着时间的推移，AIP、DIP、TP 的削减率逐渐上升，表明其会随着时间慢慢削减。化肥施用量的减少对于 AOP 没有削减作用。减小 70%的施肥量，最高能够削减 67.53%的 DP。从 2009—2018 年的削减率趋势图可以看出，随着时间的推移，TP 的削减率逐渐上升，这主要是由于 TP 具有沉积性，各类作物对于磷肥的利用率较低，同时每年增加的磷肥施肥量，会造成磷肥在土壤中的蓄积残留，并且逐年累积，因此对于 TP 的削减治理需要经过漫长的时间才能达到治理效果。

本章研究的结果与田耀武等[250]使用 AnnAGNPS 模型评估农业施肥水平与耕作方式等流域管理措施在流域尺度下的年际 NPS 污染物模拟输出的结果相似，结果表明，化肥施用量对径流与泥沙的模拟没有影响，对 TN 与 TP 模拟输出呈显著正相关。Kamalji 等[251]通过模型研究了改良施肥率与施肥方法可减少环境氮素流失，同时能提高玉米产量。对于化肥减量的情景模拟，同样在拉林河流域[252]、阿什河流域[253]、太湖流域[254]、三峡库区农业流域[255]得到了一致的研究结论。

5.1.2 P 因子

在模型中，P 因子水土保持措施表示等高种植。模型中，不采取 P 因子措施的土地利用类型的 P 取值为 1，采取 P 因子措施的取值为 0.5，模型默认 P 取值为 1，本节 P 因子情景模拟中 P 取值为 0.5。水土保持 P 因子设置 3 个情景模式，情景 1：P1 是对水田实施水土保持措施；情景 2：P2 是对旱地+水田实施水土保持措施；情景 3：P3 是对旱地+水田+林地实施水土保持措施。

实施水土保持措施后，泥沙、AN、DN、TN、AIP、AOP、DP、TP 的削减效果趋势分别如图 5-4～图 5-6 所示。泥沙、TN 与 TP 最大平均削减率分别达到了 48.44%、29.37%、28.83%。对于泥沙的年削减率趋势，情景 1 与情景 2 的削减率效果比情景 3 的小很多，情景 3 对旱地+水田+林地实施了水土保持措施，面积比情景 1 与情景 2 的旱地与水田的面积大许多，因此对泥沙的削减会更多。说明实施水土保持措施后，对泥沙的削减效果非常显著。TN、AN、AIP、AOP、DIP 与 TP 的削减率趋势相同，情景 1 与情景 2 的削减率较为稳定，而情景 3 的削减率趋势则不断下降，下降速率较大。而对于 DN，情景 1 的年际削减率变化不大，较为稳定。情景 2 的削减率逐渐下降，情景 3 的削减率下降迅速，且削减率为负值，说明水土保持因子在所有耕地类型中实施水土保持措施后，AN 的削减量逐渐减小。这是由于实施水土保持措施后，延长了径流在地表的滞留时间，因此地表的 DN 增加，但是 TN 的主要组成部分是 AN，占 TN 的 95%以上，而 DN 是比较少的，因而水土保持措施可以从很大程度上削减 NPS 污染负荷。与本章研究得出相似结果的有 Katherine 等[256]对威斯康星州的上东河流域的最佳管理措施研究，他们证实了保护措施 P 因子能够最大限度地削减 NPS 的污染。学者们在其他非喀斯特流域发现了水土保持会增加溶解态氮的含量，而削减颗粒态氮[257, 258]。

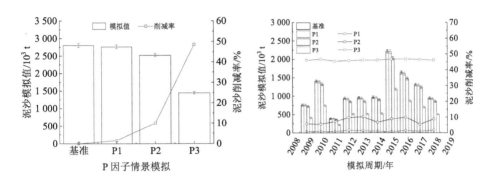

图 5-4　P 因子情景模拟下泥沙的削减效果

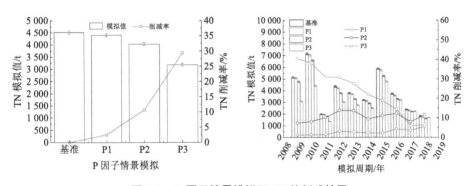

图 5-5　P 因子情景模拟下 TN 的削减效果

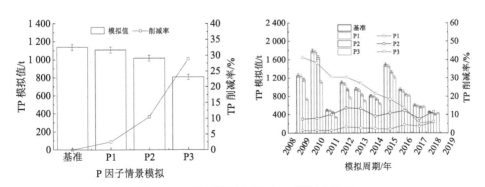

图 5-6　P 因子情景模拟下 TP 的削减效果

5.1.3 留茬耕作

在前面的参数敏感性分析中发现，不同的地表覆盖率对 TN 与 TP 的敏感性为中等敏感，因此本节设置不同地表覆盖率即留茬耕作的情景模拟，通过修改作物操作管理文件中的地表残留覆盖率进行实验。地表残留覆盖主要是指在作物收割后，作物的秸秆或者其他作物残渣是否铺设在地表，本节设置 3 个情景，分别为20%留茬耕作、50%的留茬耕作、70%留茬耕作。实施留茬耕作措施后，泥沙、AN、DN、TN、AIP、AOP、DP、TP 的削减效果趋势如图 5-7～图 5-9 所示。

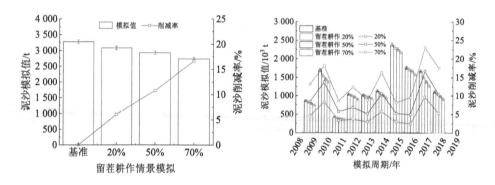

图 5-7　留茬耕作情景模拟下泥沙的削减效果

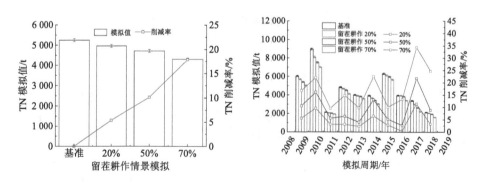

图 5-8　留茬耕作情景模拟下 TN 的削减效果

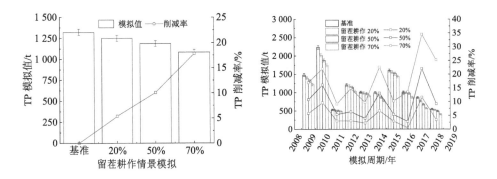

图 5-9　留茬耕作情景模拟下 TP 的削减效果

从图 5-7 可以看出，留茬耕作能够有效减少泥沙的负荷量，在 70%的留茬耕作下年平均削减率 16.64%。而在模拟周期内，削减率最高的是 2017 年，削减率达到了 23%，削减率与泥沙的产生量成正比。对泥沙的削减措施，也可以起到削减 TN 与 TP 的作用。

从图 5-8 可以看出，增加土地里留茬量能够有效削减 TN 与 AN 的含量，当留茬耕作率为 70%时，TN 与 AN 的年负荷削减率分别达到了 17.84%与 18.59%。增加地表残留覆盖率，是通过改变地表作物残余来保护土壤不受降雨、作物灌溉等操作带来的土壤侵蚀流失，进而削减 TN 以及吸附态氮向水体流失的负荷量，达到保护耕地农田的目的。增加留茬覆盖率与 DN 量呈负相关，DN 的削减率逐渐下降，这是由于秸秆残留物延长了径流在地表的停留时间，因此也就增加了 DN 在土壤径流中的溶解度。同时也有助于保持土壤水分，提高土壤养分与有机质的含量，提高作物产量。Katherine 等[256]对威斯康星州的上东河流域的最佳管理措施研究表明，留茬耕作会增加 DN 的浓度。

从图中可以看出，增加土地里留茬量能够有效削减 TP 与 AIP 的含量，当留茬耕作率为 70%时，AIP、TP 的年负荷削减率分别达到了 18.87%与 17.79%。增加留茬覆盖率，是通过改变了地表作物残余来保护土壤不受降雨、作物灌溉等操作带来的土壤侵蚀流失，进而削减各种形态磷向水体流失的负荷量，同时还起到了保护耕地农田的作用。作物收获后留在田间的生物量改善了土地覆盖，并在强降雨期间保护了田间土壤不流失[259]。地表残留覆盖对 TN、TP 的削减率表现出了相同的趋势，没有随着时间变化而变化。

5.1.4 少耕免耕

在农业流域区域，人类活动以及耕作活动会扰动土壤，加剧土壤流失。探讨不同的扰动面积对泥沙、氮素与磷素的削减效率，可以为管理措施提供参考。

本节设置 3 个情景模拟，减少 20%的扰动面积即少耕免耕 20%，减少 50%的扰动面积即少耕免耕 50%，减少 70%的扰动面积即少耕免耕 70%。在少耕免耕的情景模拟下，可以稍微减少泥沙、TN、TP 的流失量。在进行少耕免耕 70%下，泥沙的 10 年平均削减率仅为 2.74%。

图 5-10 显示了减少扰动面积即进行少耕操作后，泥沙、TN 与 TP 的模拟量以及削减率趋势。减少扰动面积，可以减少土壤有机质的氧化，减少土壤团聚体的破坏。进行耕作时不同的扰动面积会产生不一样的土壤密实度，改变土壤的孔隙度，扰动面积过大，孔隙度增加则增加了地表径流量，因而增加了 TN 与 TP 向水体的流失量。而本节研究中，减少了土壤的扰动面积，但是对泥沙、TN 与 TP 的削减量并不是很大（图 5-10～图 5-12）。推测其原因，可能是由于奇峰河流域属于岩溶地区，通过扰动面积而流失的 NPS 污染很少，而通过其他途径流失的 NPS 污染负荷较大，因此效果并不明显。

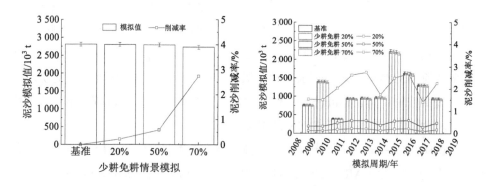

图 5-10　少耕免耕情景模拟下泥沙的削减效果

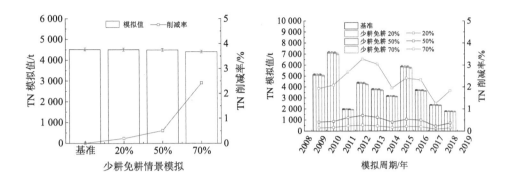

图 5-11　少耕免耕情景模拟下 TN 的削减效果

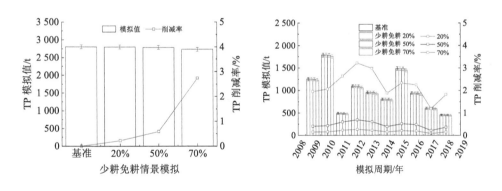

图 5-12　少耕免耕情景模拟下 TP 的削减结果

通过对比发现，田耀武等[250]的研究中，免中耕、等高种植等保护性耕作方式虽然减少了泥沙输出量，但增加了养分的输出量，这与本节研究的溶解态氮的增加结论是相一致的，增加了部分养分的输出量。Katherine 等[256]对威斯康星州的上东河流域的最佳管理措施研究也表明，进行免耕操作会增加溶解态氮的流失，因而不能最大限度地削减 NPS 污染。Ding 等[260]的研究也显示，免耕技术对 TN 与 TP 的降低率也非常低，分别为 0.2%与 0.8%。而 Ossama 等[133]在意大利南部的一个地中海农业流域进行最佳管理措施的研究中发现，进行免中耕的技术可以有效减少土壤侵蚀的负荷量。Slim Mtibaa 在 Joumine 流域发现少耕免耕技术能有效减少泥沙的侵蚀量[259]。Ricci 等[158]发现，免耕措施可以有效减少意大利南部地中海农业流域的土壤侵蚀负荷。这也证明了少耕免耕并不是在每个流域都是最佳管理措施，需要因地制宜地实施少耕免耕。

从表 5-1 中可以看出，对泥沙、TN 与 TP 的削减率效果大小如下：P 因子＞化肥减量＞留茬耕作＞少耕免耕。化肥施用量对于径流量与泥沙的模拟输出没有直接影响，但是对各类形态氮磷有显著的影响。P 因子能够显著减少泥沙的含量，但是会增加 DN，对于其他形式的氮磷都有明显的削减效果。留茬耕作与少耕免耕轻微地促进溶解态氮，少耕免耕对泥沙的削减作用也很小。综合考虑各单一管理措施的效果，奇峰河流域内减少化肥的施用水平，可以从源头上削减 NPS 污染，同时建议对耕地实行水土保持措施以及留茬耕作，能够较好地削减流域内 NPS 污染物。少耕免耕措施对于削减污染物的效果不是很明显，因此不属于本流域内的最佳管理措施。

表 5-1 单一措施下泥沙、TN 与 TP 的年均削减率结果

措施名称	泥沙削减率			TN 削减率			TP 削减率		
	情景 1	情景 2	情景 3	情景 1	情景 2	情景 3	情景 1	情景 2	情景 3
化肥减量	0	0	0	5.57	13.94	19.52	6.38	14.63	19.98
留茬耕作	6.04	10.76	16.64	5.38	10.10	17.85	5.37	10.07	17.80
少耕免耕	0.22	0.58	2.74	0.19	0.51	2.42	0.19	0.49	2.37
P 因子	1.45	10.05	48.44	2.52	10.65	29.37	2.53	10.42	28.84

5.2 "二元"混合措施的情景模拟

由于流域的空间差异性，实施因地制宜的管理措施或多种管理措施相结合，可以最大限度地拦截与削减 NPS 污染。已有的研究表明，不同的管理措施组合对 NPS 污染物的削减率比单一措施的削减率好[259]。本节将基于各种措施"二元"组合的等浓度固定比法，探讨不同管理措施协同利用下的削减效果。本节设置了 6 组"二元"措施组合，每个组合下 3 种效应浓度情景，分别是化肥减量+留茬耕作、化肥减量+少耕免耕、化肥减量+P 因子、留茬耕作+P 因子、留茬耕作+少耕免耕、

少耕免耕+P 因子。

5.2.1 化肥减量+留茬耕作

化肥减量是源头控制措施，留茬耕作，即增加地表覆盖物从过程拦截和控制 NPS 污染。本节针对化肥减量+留茬耕作组合设置 3 种情景模拟，情景 1：减少 20%化肥量+20%的留茬覆盖；情景 2：减少 50%化肥量+50%的留茬覆盖；情景 3：减少 70%化肥量+70%留茬覆盖。

通过化肥减量+留茬耕作可以有效减少泥沙的流失量（图 5-13～图 5-15），在化肥减量 70%以及留茬耕作 70%后，泥沙的年负荷削减率为 13.38%。模拟期间内，泥沙的削减率与径流量呈正相关。通过对比单一的化肥减量与留茬耕作措施的情景模拟的削减结果，发现削减作用仅为留茬耕作，在单一的化肥减量里，并没有削减泥沙的流失量，因此不会出现两种措施的泥沙削减"效应加和"现象。化肥减量+留茬耕作可以有效减少各种形态氮的流失量，情景模拟 3 的 TN 年负荷削减率为 27.42%。在单一的化肥减量中，削减最大的是 DN 的含量，对于 TN 的削减效果是比较小的。化肥减量+留茬耕作的组合对各类形态氮是积极的削减效果。TN 与 AN 的削减效果随着降雨径流出现波动，呈正相关性，而对 AN 的削减率随着时间逐渐上升。在实施化肥减量 70%以及留茬耕作 70%后，TP 的年均负荷削减率为 29.34%。AIP、AOP、DP、TP 都被有效地削减了，化肥减量+留茬耕作的组合对各类形态磷有积极的削减效果。各形态磷的削减效果随着降雨径流出现波动，呈正相关性。

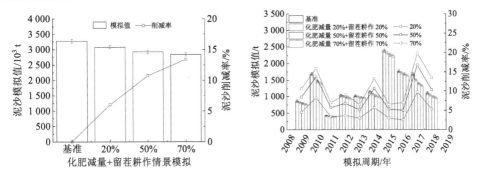

图 5-13 化肥减量+留茬耕作情景模拟下泥沙的削减效果

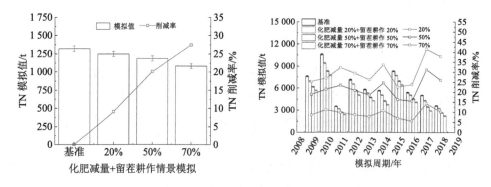

图 5-14　化肥减量+留茬耕作情景模拟下 TN 的削减效果

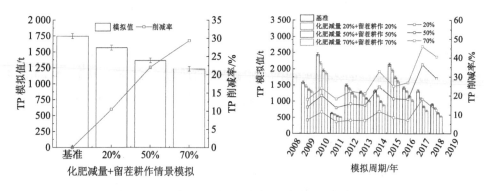

图 5-15　化肥减量+留茬耕作情景模拟下 TP 的削减效果

5.2.2　化肥减量+少耕免耕

化肥减量+少耕免耕的组合设置 3 种情景,情景 1:减少 20%化肥量+减少 20% 的耕作扰动面积;情景 2:减少 50%化肥量+减少 50%的耕作扰动面积;情景 3: 减少 70%化肥量+减少 70%的耕作扰动面积。多年平均削减率如图 5-16~图 5-18 所示。

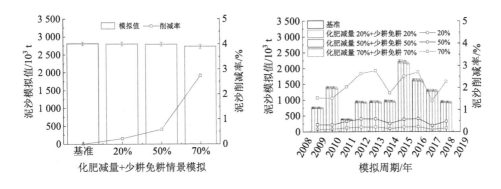

图 5-16 化肥减量+少耕免耕情景模拟下泥沙的削减效果

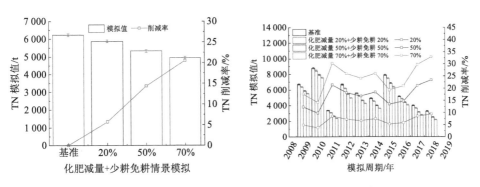

图 5-17 化肥减量+少耕免耕情景模拟下 TN 的削减效果

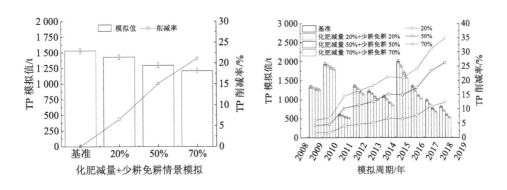

图 5-18 化肥减量+少耕免耕情景模拟下 TP 的削减效果

化肥减量+少耕免耕的措施组合，对于泥沙的削减效果没有那么明显，情景 3 下减少 70%化肥量+减少 70%的耕作扰动面积，只减少了 2.74%的泥沙量。这仍然与单一措施少耕免耕时是一样的削减率。化肥减量+少耕免耕的情景模拟下，TN 年均削减率为 20.53%，DN 的削减率为 64.03%，AN 的年均削减率仅为 1.49%。TN、AN 随着时间的推移而波动。TP 年均削减率为 21.11%，DP 的削减率为 67.30%，AIP 的年均削减率为 7.97%，TP、AIP 随着时间的推移而波动。

田耀武等[250]进行的最佳组合措施中，推荐用量的化肥可削减 40%的养分输出，免中耕削减 45%泥沙输出，推荐化肥用量与免中耕相结合的管理措施能够有效地降低三峡库区流域地 NPS 污染。但是这与本节研究的结果有偏差，这可能与少耕免耕和化肥减量的措施不是奇峰河流域的最佳管理措施有关。

5.2.3 化肥减量+P 因子

化肥减量+P 因子组合设置 3 种情景，情景 1：减少 20%化肥量+旱地实施 P1 因子；情景 2：减少 50%化肥量+水田实施 P2 因子（旱地+水田）；情景 3：减少 70%化肥量+林地实施 P3 因子（旱地、水田与林地）。

化肥减量+P 因子组合可以有效削减泥沙的流失量，情景 1 与情景 2 对旱地实施水土保持措施以及对水田与旱地实施水土保持措施的削减率较小，情景 3 对林地实施水土保持措施的削减率最大，达到了 46.6%。说明水土保持措施可以有效控制泥沙的侵蚀流失量。化肥减量+P 因子组合可以有效地削减各类形态氮，最高年均削减率达到 26.76%，对于 TN 与 AN 的削减率具有相同的变化趋势，实行情景 3，化肥减量 70%+对耕地与林地都实施水土保持措施 P3 因子，TN 与 AN 的削减率随着时间推移而迅速减小，这可能是 P 因子能有效改善林地的泥沙流失，因此能迅速地削减 TN 与 AN。同时 DN 的年负荷量也随着时间的推移而减少，说明水土保持措施改变的主要是 DN 的含量。化肥减量+P 因子组合可以有效地削减各类形态磷，最高年均削减率达到 26.09%，对于 3 种形态磷以及 TP 的削减率具有相同的变化趋势，情景 1 与情景 2 的削减效率较为稳定，而情景 3 化肥减量 70%+对耕地与林地都实施水土保持措施 P3 因子中，AIP、AOP 的削减率随着时间推移而逐渐减小，说明 P 因子对 AIP 与 AOP 的削减效果是瞬时的。由于水土保持措施拦截了泥沙的流失，大部分吸附态磷仍然保持在土壤中，进入水体的负荷量被大大减少，因此在流域出口处的削减率主要是化肥减量的贡献。DIP 的削减率会逐渐增加，情景 3 下 TP 的削减率缓慢下降，这是吸附态磷的削减减少的原因，而情景 1 与情景 2 的削减率逐渐增大。

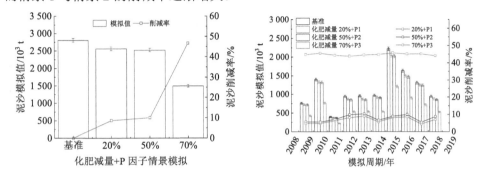

图 5-19　化肥减量+P 因子情景模拟下泥沙的削减效果

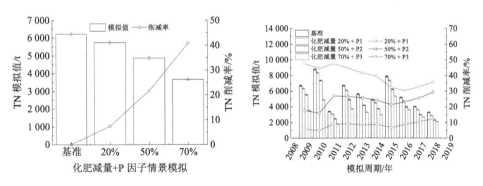

图 5-20　化肥减量+P 因子情景模拟下 TN 的削减效果

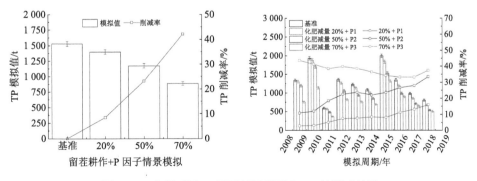

图 5-21　化肥减量+P 因子情景模拟下 TP 的削减效果

5.2.4 留茬耕作+少耕免耕

留茬耕作+少耕免耕组合设置 3 个情景进行模拟，情景 1：20%的留茬覆盖+减少 20%的耕作扰动面积；情景 2：50%的留茬覆盖+减少 50%的耕作扰动面积；情景 3：70%的留茬覆盖+减少 70%的耕作扰动面积。

留茬耕作+少耕免耕的情景模拟结果如图 5-22～图 5-24 所示，可以有效减少泥沙的流失量，年削减率为 14.80%。对于 TN，最大的年均削减率可达 14.37%，TP 最大的年均削减率为 14.30%。在 10 年的模拟周期内，泥沙、TN、吸附态氮、TP、AIP、AOP、DIP 的削减率随着时间推移而波动，与降雨量呈正相关，削减率最高的年份是 2017 年，削减率最低的年份是 2011 年。而对于 DN，其削减率随着时间的变化而逐渐减小，并且是负值，也就是说留茬耕作+少耕免耕的操作会增加 AN 的含量，呈负相关性。这可能是由于在耕地上覆盖的作物对径流的延缓作用，增加了 DN 的溶解。

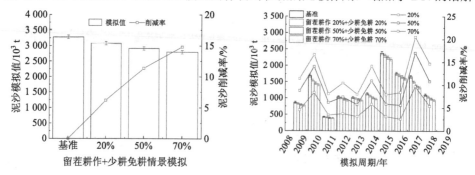

图 5-22　留茬耕作+少耕免耕情景模拟下泥沙的削减结果

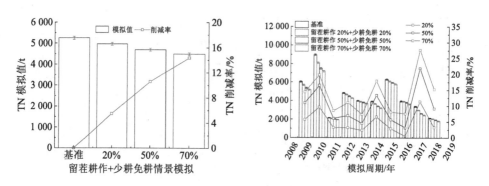

图 5-23　留茬耕作+少耕免耕情景模拟下 TN 的削减效果

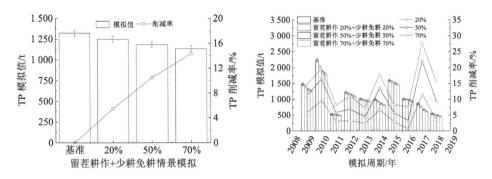

图 5-24　留茬耕作+少耕免耕情景模拟下 TP 的削减效果

5.2.5　留茬耕作+P 因子

留茬耕作+P 因子组合设置 3 个情景进行模拟，情景 1：20%的留茬覆盖+旱地实施 P1 因子；情景 2：50%的留茬覆盖+水田实施 P2 因子（旱地+水田）；情景 3：70%的留茬覆盖+林地实施 P3 因子（旱地、水田与林地）。情景模拟结果如图 5-25～图 5-27 所示。留茬耕作+P 因子能够有效减少泥沙、各形态氮磷的流失量，泥沙最大年均削减率为 55.35%，TN 与 TP 的最大年均削减率分别为 38.64%、38.16%。情景模拟 3 下的削减效果最明显，比另外两种情景模拟下的削减效率大 2 倍。3 种情景模拟下，泥沙的削减效果较平稳，没有随着时间的变化而出现大的波动。对于 TN 与吸附态氮，削减率最高的年份是 2010 年，最低的年份是 2018 年。3 种情景模拟下，对于 DN 没有起到削减作用，削减率是负值，但是 DN 的产生量随着时间推移越来越小，说明 DN 的流失随着时间的推移缓慢地被削减。对于各种形态磷的削减效果，随着时间推移产生较大的波动。

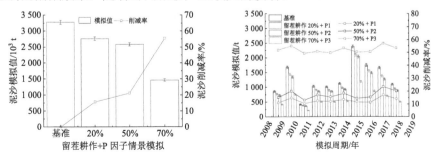

图 5-25　留茬耕作+P 因子情景模拟下的泥沙的削减效果

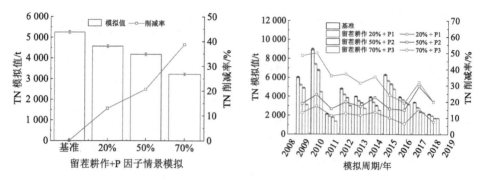

图 5-26 留茬耕作+P 因子情景模拟下 TN 的削减效果

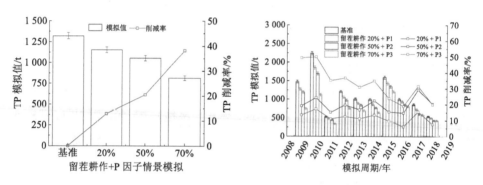

图 5-27 留茬耕作+P 因子情景模拟下 TP 的削减效果

5.2.6 少耕免耕+P 因子

少耕免耕+P 因子组合的情景模拟分别是情景 1：减少 20%扰动面积+旱地实施 P1 因子；情景 2：减少 50%扰动面积+水田实施 P2 因子（旱地+水田）；情景 3：减少 70%扰动面积+林地实施 P3 因子（旱地、水田与林地）。少耕免耕+P 因子组合的情景模拟下泥沙、TN、TP 的削减结果如图 5-28～图 5-30 所示。对于泥沙、TN 与 TP 的最大年均削减率分别为 49.22%，30.35%，29.79%。对于泥沙的削减率，情景 3 的削减率明显高于另外两种情景。对于 TN、AN、AIP、AOP、DIP 与 TP 具有相同的削减率趋势，情景 3 下的削减率逐渐下降，情景 1 与情景 2 的削减率较为稳定。而对于 DN，少耕免耕+P 因子的 3 种情景下，并不能起到削减的效果，削减率为负值，说明 DN 是增加的。但是在年尺度上，DN 随着时间的推移而越来越小，说明 DN 的削减要经过较长的时间。

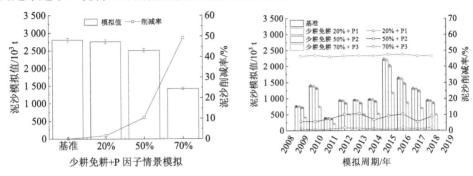

图 5-28　少耕免耕+P 因子情景模拟下泥沙的削减效果

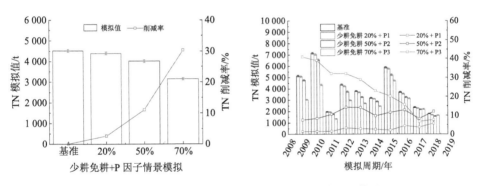

图 5-29　少耕免耕+P 因子情景模拟下 TN 的削减效果

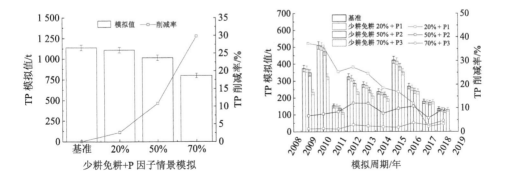

图 5-30　少耕免耕+P 因子情景模拟下 TP 的削减效果

表 5-2　"二元"措施混合下泥沙、TN 与 TP 的年均削减率统计

措施组合名称	泥沙削减率			TN 削减率			TP 削减率		
	情景 1	情景 2	情景 3	情景 1	情景 2	情景 3	情景 1	情景 2	情景 3
化肥减量+留茬耕作	6.04	10.76	16.64	9.05	20.09	27.42	10.44	21.99	29.33
化肥减量+少耕免耕	0.21	0.58	2.74	0.30	0.78	2.80	0.27	0.70	2.64
化肥减量+P 因子	8.59	10.05	46.62	8.40	10.92	26.77	8.07	10.59	26.09
留茬耕作+少耕免耕	6.16	11.34	14.79	5.47	10.56	14.37	5.46	10.51	14.30
留茬耕作+P 因子	15.64	21.19	55.36	13.03	20.58	38.65	12.82	20.36	38.16
少耕免耕+P 因子	1.57	10.38	49.22	2.62	11.03	30.35	2.62	10.80	29.79

从表 5-2 可以看出，6 种组合措施下，对泥沙、TN 与 TP 的削减率由大到小的顺序是：留茬耕作+P 因子＞少耕免耕+P 因子＞化肥减量+P 因子＞化肥减量+留茬耕作＞留茬耕作+少耕免耕＞化肥减量+少耕免耕。

5.3　"三元"混合措施的情景模拟

本节设置了 4 组"三元"措施组合，每个组合下 3 种情景，情景 1：化肥减量+留茬耕作+少耕免耕，情景 2：化肥减量+少耕免耕+P 因子，情景 3：化肥减量+留茬耕作+P 因子。

5.3.1　化肥减量+留茬耕作+少耕免耕

化肥减量+留茬耕作+少耕免耕组合设置 3 种情景进行模拟，情景 1：减少 20%化肥量+20%的留茬覆盖+减少 20%扰动面积；情景 2：减少 50%化肥量+ 50%的留茬覆盖+减少 50%扰动面积；情景 3：减少 70%化肥量+70%的留茬覆盖+减少 70%

扰动面积。

化肥减量+留茬耕作+少耕免耕组合下泥沙、各形态氮磷的削减效果如图 5-31~图 5-33 所示。对于泥沙、AN、TN、AIP、AOP 与 TP 的削减效果趋势相同，与径流量呈正相关。2017 年的削减率最大，2011 年的削减率最小。而对于 DN 的削减率，情景 2 与情景 3 的削减率随着时间的推移先增大而后逐渐减小，情景 1 的削减率逐渐减小。

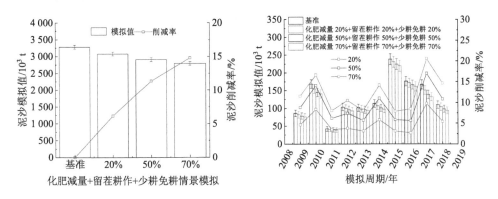

图 5-31   化肥减量+留茬耕作+少耕免耕情景模拟下泥沙的削减效果

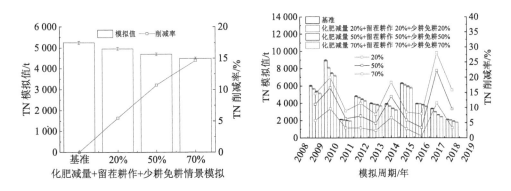

图 5-32   化肥减量+留茬耕作+少耕免耕情景模拟下 TN 的削减效果

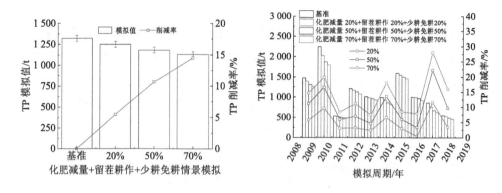

图 5-33　化肥减量+留茬耕作+少耕免耕情景模拟下 TP 的削减效果

5.3.2　化肥减量+少耕免耕+P 因子

化肥减量+少耕免耕+P 因子组合的 3 种情景，情景 1：减少 20%化肥量+ 20%的留茬覆盖+旱地实施 P 因子；情景 2：减少 50%化肥量+50%的留茬覆盖+水田实施 P 因子（旱地+水田）；情景 3：减少 70%化肥量+70%的留茬覆盖+林地实施 P 因子（旱地、水田与林地）。

化肥减量+少耕免耕+P 因子的措施组合对于泥沙、各形态氮磷的削减结果如图 5-34~图 5-36 所示。情景 1 与情景 2 的削减率差别不大，比情景 3 的削减率小了 3 倍多，可以表明，组合措施中起主导作用的是 P 因子，其对林地的水土保持是最有效果的，因此情景 3 的削减率远远大于其他两种情况。TN、AN、AIP、AOP、DIP、TP 的削减率趋势相同，情景 1 与情景 2 的削减率稳定在 10%左右。而情景 3 的削减率则逐渐下降。对于 DN 的削减率较小，情景 1 与情景 2 的削减率先上升后趋于平稳，而情景 3 的削减率在前两年高，而后就低于情景 2 的削减率，在后两年即 2017 年与 2018 年，削减率最低，并且成为了负值，说明这时候情景 3 对于 DN 有促进的作用。

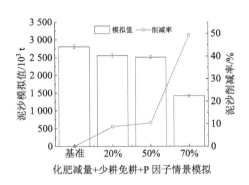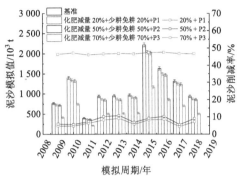

图 5-34　化肥减量+少耕免耕+P 因子情景模拟下泥沙的削减效果

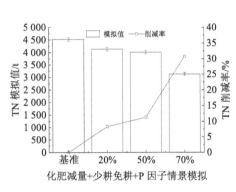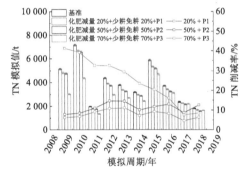

图 5-35　化肥减量+少耕免耕+P 因子情景模拟下 TN 的削减效果

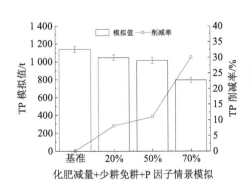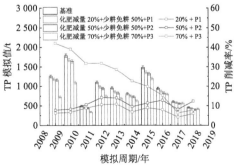

图 5-36　化肥减量+少耕免耕+P 因子情景模拟下 TP 的削减效果

5.3.3 化肥减量+留茬耕作+P 因子

化肥减量+留茬耕作+P 因子组合设置的情景如下，情景 1：减少 20%化肥量+20%的留茬覆盖+旱地实施 P 因子；情景 2：减少 50%化肥量+50%的留茬覆盖+水田实施 P 因子（旱地+水田）；情景 3：减少 70%化肥量+70%的留茬覆盖+林地实施 P 因子（旱地、水田与林地）。

化肥减量+留茬耕作+P 因子组合措施下，对泥沙、各形态氮磷的削减结果如图 5-37～图 5-39 所示。情景 2 与情景 3 的削减率差别不大，比情景 1 的削减率小了 2 倍多，可以表明，组合措施中起主导作用的是 P 因子，对于林地的水土保持是最有效果的，因此情景 3 的削减率远远大于其他两种情况，这与化肥减量+少耕免耕+P 因子的情况大致相同，不同的是情景 1 和情景 2 削减率稍高一点且 3 种情景趋势有起伏波动，这可能是由于留茬耕作的效果大于少耕免耕而造成的波动。TN、AN、AIP、AOP、DIP、TP 的削减率趋势相同，随着降雨产生波动，呈正相关。对于 AN 的削减率较小，情景 1 与情景 2 的削减率先上升后下降，而情景 3 的削减率在前两年的削减效率高，而后就低于情景 2 的削减率，在后 4 年的削减率最低，并且成为了负值，说明这时候情景 3 对于 DN 有促进的作用，对比化肥减量+少耕免耕+P 因子组合，促进作用更大，这可能是由于留茬耕作的实施可以延长径流在地表土壤的发生时间，而土壤中产生更多的 DN，因此造成了 DN 的升高。

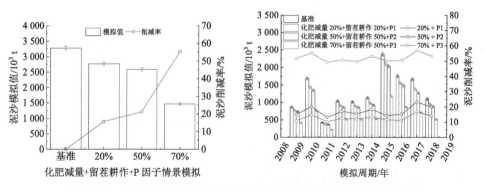

图 5-37　化肥减量+留茬耕作+P 因子情景模拟下泥沙的削减效果

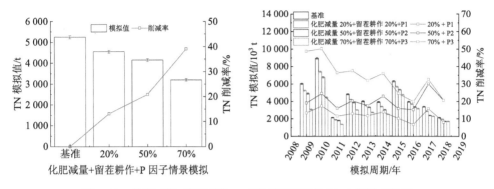

图 5-38　化肥减量+留茬耕作+P 因子情景模拟下 TN 的削减效果

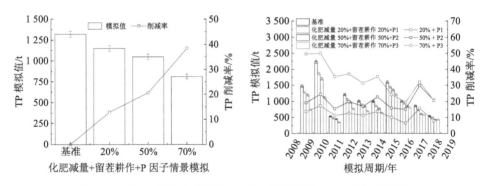

图 5-39　化肥减量+留茬耕作+P 因子情景模拟下 TP 的削减效果

5.3.4　留茬耕作+少耕免耕+P 因子

留茬耕作+少耕免耕+P 因子组合的 3 种情景，情景 1：20%的留茬覆盖+减少 20%扰动面积+旱地实施 P 因子；情景 2：50%的留茬覆盖+减少 50%扰动面积+水田实施 P 因子（旱地+水田）；情景 3：70%的留茬覆盖+减少 70%扰动面积+林地实施 P 因子（旱地、水田与林地）。

留茬耕作+少耕免耕+P 因子组合措施对泥沙与各形态氮磷的削减效果如图 5-40～图 5-42 所示。留茬耕作+少耕免耕+P 因子组合措施与化肥减量+留茬耕作+P 因子对于泥沙的削减趋势相同，但情景 3 下的削减率大小不相同。溶解氮的削减率为负值，情景 3 的削减率下降速度最快，情景 1 与情景 2 的削减率下降速度较慢，说明对于溶解态氮的产生，情景 3 的效果更好。AN、TN、AIP、AOP、

DIP 与 TP 的削减率相同，随着时间推移而波动。年削减率最高的年份是 2010 年，最低的年份是 2016 年。

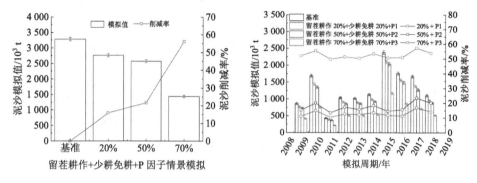

图 5-40　留茬耕作+少耕免耕+P 因子情景模拟下泥沙的削减效果

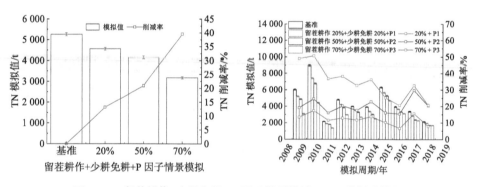

图 5-41　留茬耕作+少耕免耕+P 因子情景模拟下 TN 的削减效果

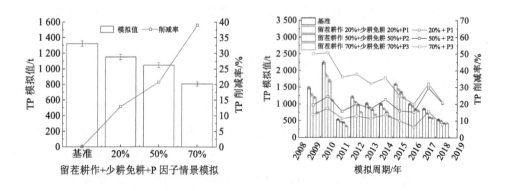

图 5-42　留茬耕作+少耕免耕+P 因子情景模拟下 TP 的削减效果

4 种"三元"措施组合的年均削减效果见表 5-3，从表中可以看出，"三元"混合措施下的泥沙、TN 与 TP 的削减效果顺序如下：留茬耕作+少耕免耕+P 因子＞化肥减量+留茬耕作+P 因子＞化肥减量+少耕免耕+P 因子＞化肥减量+留茬耕作+P 因子。因此，最具有削减效果的是留茬耕作+少耕免耕+P 因子的组合，能够有效地从传输过程中削减 NPS 污染。

表 5-3　"三元"混合措施下的泥沙、TN 与 TP 的削减效果

措施组合名称	泥沙削减率			TN 削减率			TP 削减率		
	情景 1	情景 2	情景 3	情景 1	情景 2	情景 3	情景 1	情景 2	情景 3
化肥减量+留茬耕作+少耕免耕	6.16	11.34	14.79	5.47	10.70	14.61	5.46	10.63	14.48
化肥减量+少耕免耕+P 因子	8.69	10.38	49.22	8.33	11.30	30.73	8.06	10.96	30.01
化肥减量+留茬耕作+P 因子	15.63	21.17	55.35	13.12	20.81	38.98	12.88	20.51	38.37
留茬耕作+少耕免耕+P 因子	15.73	21.51	56.06	13.11	20.93	39.49	12.89	20.70	38.99

5.4　"四元"混合措施的情景模拟

本节将 4 种措施同时实施即"四元"组合，化肥减量+留茬耕作+少耕免耕+P 因子，共设置 3 种情景模拟，情景 1：减少 20%化肥量+20%的留茬覆盖+减少 20%扰动面积+旱地实施 P1 因子；情景 2：减少 50%化肥量+50%的留茬覆盖+减少 70%扰动面积+（旱地+水田）实施 P2 因子；情景 3：减少 70%化肥量+50%的留茬覆盖+减少 70%扰动面积+（旱地、水田与林地）实施 P3 因子。

化肥减量+留茬耕作+少耕免耕+P 因子组合措施对泥沙与各形态氮磷的削减效果如图 5-43～图 5-45 所示。留茬耕作+少耕免耕+P 因子组合措施与化肥减量+留茬耕作+P 因子对于泥沙的削减趋势相同，但情景 3 下的削减率大小不相同。溶

解氮的削减率为负值，情景 3 的削减率下降速度最快，情景 1 与情景 2 的削减率下降速度较慢，说明情景 3 会产生更多的溶解态氮。AN、TN、AIP、AOP、DIP 与 TP 的削减率相同，随着时间变化而波动。年削减率最高的年份是 2010 年，最低的年份是 2016 年。对于 DN 的削减率较小，情景 1 的削减率逐渐减小，减小的速率慢，情景 2 的削减率先缓慢上升而后缓慢下降；而情景 3 的削减率在前两年的削减率高，而后就低于情景 2 的削减率，在后 4 年的削减率最低，并且成了负值，说明这时候情景 3 对于 DN 有促进作用，产生了 DN 的输出量。

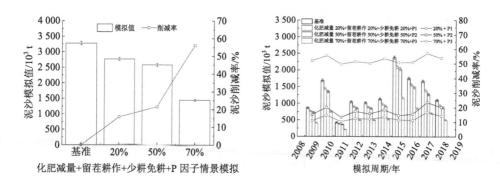

图 5-43　化肥减量+留茬耕作+少耕免耕+P 因子情景模拟下泥沙的削减效果

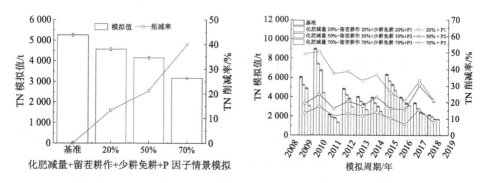

图 5-44　化肥减量+留茬耕作+少耕免耕+P 因子情景模拟下 TN 的削减效果

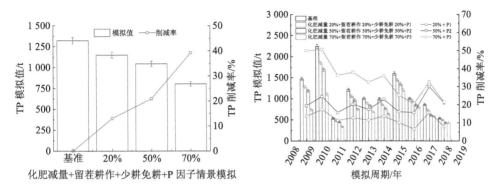

图 5-45　化肥减量+留茬耕作+少耕免耕+P 因子情景模拟下 TP 的削减效果

表 5-4　"四元"混合措施下的泥沙、TN 与 TP 的削减效果

化肥减量+留茬耕作+ 少耕免耕+P 因子	情景 1	情景 2	情景 3
泥沙	15.733	21.507	56.064
TN	13.200	21.164	39.825
TP	12.955	20.854	39.188

从"四元"措施组合的削减效果来看，能够有效削减农业的 NPS 污染，其在源头上与过程中对 NPS 污染进行削减，能够更为全面地削减污染物。

本节研究的结果与其他研究结果相类似，Shamshad[130]利用验证后的模型模拟了农业流域在推荐土地管理制度下的径流与泥沙损失，与当前管理实践相比，径流减少 18.5%，泥沙损失减少 63%，模型可成功地应用于径流与泥沙损失的评估以及随后的土地利用规划。

5.5　岩溶区奇峰河流域的水环境保护防控措施

根据流域内的水质调查以及模型模拟出来的氮磷污染状况，奇峰河流域的水体富营养化程度已经较为严重，因此对流域的水环境保护迫在眉睫。NPS 污染，针对于水体富营养化的进程，就是养分在时空过程中"盈"与"亏"无法保持平衡造成的[261]。对于 NPS 污染，"源"景观是指景观单元中，对营养物质是迁出营养"源"的作用，而有的景观单元能够接纳多余的营养物质，那么这些景观单元的作用是"汇"的作用。

国内外的水体污染及富营养化研究与控制经验表明，将污染物排放量控制在河流、湖泊、海洋等水体功能所允许的范围之内，即通过实施"水质目标管理"是水体环境治理的关键[262, 263]。许多发达国家已经建立健全的基于"水质目标管理"的水污染管理办法体系，例如欧盟的《水框架指令》[264]、《海洋战略框架指令》[265]，美国的《清洁水法案》与《安全饮用水法》[266]，澳大利亚的《水质提升计划》[267]，这些标准针对不同地域的水体在不同时期的保护目标来指导水环境管理。立足于奇峰河流域的水环境特点，对于其水环境生态保护应立足长期保护的目标。

根据奇峰河流域水质保护的总体目标，确定了流域水质改善的综合治理方案，从污染源控制工程以及制定合理的法规政策等角度制定因地制宜的方案。污染源控制工程则从源头、传播过程以及末端治理实施削减氮磷的措施，并多项措施同时进行。在水环境保护的过程中，各种措施相互配合，才能最大限度地削减 NPS 污染，延缓污染的过程。

5.5.1 奇峰河流域流域改善的总目标

TN 与 TP 是奇峰河流域的主要控制对象，为了减缓奇峰河流域内的 NPS 污染，流域内的水质标准执行《地表水环境质量标准》（GB 3838—2002）的Ⅲ类地表水标准，为确保水质能保持Ⅲ类水质标准，应设定Ⅱ类水质标准为治理的目标而实施改善方案。实施改善方案后流域内的富营养化的问题应得到改善，达到轻度营养化—贫营养化水平。

5.5.2 奇峰河流域综合治理防控措施

5.5.2.1 农业生产活动的污染治理

NPS 污染是奇峰河流域的重要污染源，TN 与 TP 是主要控制的污染物，应重点控制两者的来源。根据上文最佳管理措施的情景模拟结果，得到了奇峰河流域内单一及多元措施混合下的最佳管理措施。基于以上结果，对流域内的农业生产活动的污染治理提出防控策略。

（1）养分优化管理

施肥效率低会使水质恶化，特别是在地表水与地下水交换较多的岩溶地区。单一的最佳管理措施模拟中，化肥减量下对于 NPS 的削减仅次于 P 因子，也是最主要的从源头上减少 NPS 的途径。因此，在产生污染的源头削减氮磷的输入，主要的工程措施为化肥减量与施用生物肥。减少了化肥施用量，但是不能减少农作物的产量，还需要其他生物肥替代化学肥料。

根据流域内土壤特性与作物种类选择合适的化肥种类，并根据作物的生长规律，合理确定施肥时间、种类、施肥量等，逐步减少化肥的施用量。摒弃传统粗放的表层浅施的施肥方式，改进施肥方式，进行根部施肥或叶面施肥，减少肥料的撒施。推广实施测土配方施肥方法，均衡 N、P、K 的比例，并使用生物肥料或有机绿肥逐步替代化肥，从源头上减少 N、P 的输入，同时可以促进土壤团聚体的生成，增加土壤的抗侵蚀性，从而对流域内的 NPS 污染进行削减。因此，应避免粗放施肥，科学施肥应考虑当前岩溶地区的气候因素与特殊的水文地质结构。在雨季，谨慎选择施肥时机可有助于减少 NPS 污染的产生，并且改善降雨期间的水质。此外，增加有机肥料与缓释肥料的用量，延长施肥效果。养分管理时采用土壤实验来确定肥料施用量，调整肥料施用计划与方法，以优化作物生长，尽量减少对水质的不利影响。

（2）优化耕作管理措施

单一的情景模拟中，P 因子与留茬耕作是管理耕作措施中有效的措施。因此本章基于模拟结果，对奇峰河流域实施 P 因子的措施，同时辅助实施留茬耕作。

改变传统农业生产方式，大力推行水土保持措施、等高种植、改变作物的轮耕方式等。合理的耕作内，减少土壤的扰动面积，保持土壤的团聚性，以及抗侵蚀性。作物收割后，进行秸秆还田，留茬覆盖地表，增加地表的残渣覆盖率，保护地表土壤不受降雨滴溅的影响，减少水土流失，同时提高土壤的肥力。

现有的农耕中，农膜的使用会降低土壤的渗透性，减少土壤含水率，极大地削减了耕地的抗旱能力，残留的农膜会阻碍农作物的根系发育或者导致根系的破坏，影响正常的生长，造成农作物的减产。针对这个问题，应寻找易降解的农膜替代不易降解的塑料农膜，或者直接减少农膜使用量。

（3）末端出水人工湿地净化

在农田、耕地末端对出水进行收集处理，建造人工湿地净化塘，出水 N、P 达标后排入流域水体。

5.5.2.2　农村生活污水及垃圾治理

村庄居民区的生活垃圾与生活污水是流域内产生的另一 NPS 污染来源。由于农村的污水处理设施不完善，生活污水未经处理就排放会对流域内的水质产生直接影响。因此需要进行新农村的建设改造，具体的措施为：生活垃圾进行无害化处理，改变就地焚烧的方式，对生活垃圾集中收集后处理；建立与完善污水处理厂，对区域内的生活污水进行收集处理。

（1）化粪池升级改造

针对目前农村内化粪池的格局，对现有的化粪池进行防渗改造，防止粪便随水下渗到地下，污染水质。

（2）污水与垃圾联合处理池

在农村符合条件的地方推广污水与垃圾等联合发酵处理沼气池的技术，将生活污水、垃圾、禽畜舍、厕所与沼气池等有机结合，联合净化。同时，还能回收能源与资源，达到清洁乡村与环保卫生的目的。

5.5.2.3　农村禽畜养殖污染治理

奇峰河流域内的禽畜养殖均为开放式，产生的禽畜粪便等污染直接进入流域内，对水体、大气、农田土壤产生了直接的污染，同时还会传播病毒，危害人类健康。为了减少污染物的输入，应对流域的禽畜养殖进行集中整改。禽畜养殖产生的废水与粪便不可随意排放，要集中处理达标后排放。对于禽畜养殖污染，可采用以下处理方式：

（1）源头平衡饲料法

将分散开放式的养殖方式转变成集中规范化养殖，可采用氨基酸平衡营养饲料的配方，通过在饲料中添加合成氨基酸来降低饲料中的粗蛋白含量，可以从源头上减少禽畜粪尿中氨的排出，同时应对产生的粪肥进行无害化处理。

（2）粪便变废为宝——肥料化

禽畜粪便中含有植物生长必要的营养成分，可作为有机肥的重要来源。粪肥的使用可以增加土壤营养成分、改良土壤、提高土壤肥力，促进农作物的生长发育。将粪肥施用至农田或耕地时，应将粪肥稀释处理后再施用，防止对农作物产生危害。

（3）肥料变废为宝——能源化

粪便的能源化包括生产沼气与乙醇等，这样能够提供能源也能减少对环境的污染。大力推广农村生态循环模式，即禽畜粪便—沼气—农田生产的模式，以期达到绿色清洁生产的目的。

5.5.2.4　法规与政策

（1）制定岩溶区农田施肥污染防治管理的相关规定

根据岩溶区奇峰河流域不同的土壤、农作物、降雨与农业生产条件，制定防止地表水、地下水以及农作物产生的硝酸盐污染的施肥限量，并制定土壤与农田晒田放水中硝酸盐以及其他污染物的限量指标。建立奇峰河流域的土壤肥力信息系统与平衡施肥的专家咨询系统，并推进提供测土、配方、生产、供应与技术指导的服务体系产业化，实现科学施肥、绿色农业生产。

（2）建立对岩溶区环境影响的监督与评价系统

在岩溶区奇峰河流域内成立以环保监测部门为主、土壤管理部门与村委会共同参与的农田施肥环境影响评价系统，建立对流域内施肥环境效应开展定期或者不定期的监测和评价制度。

（3）制定污染农田耕地的立法法规

制定与完善奇峰河流域保护的立法法规，进一步明确流域内水污染防治相关部门的任务与职能。开展线上线下污染监督举报热线，加强执法力度以及对水源、土地与森林破坏的处罚力度。

（4）开展环保培训与宣传工作

定期开展对广大农民的环境保护宣传与培训工作，及时普及环境保护以及农业生产的高新技术、宣传环境保护对生态环境与人体健康影响方面的知识，号召全民参与环境保护，提高农民自觉遵守有关农田合理施肥与保护环境的法律法规，同时号召执法部门对水源保护的落实进行有效监督。

5.6 本章小结

本章对奇峰河流域进行最佳管理措施的单一措施多情景、多元措施多情景的情景模拟，分别对化肥减量、退耕还林、水土保持措施 P 因子、留茬耕作、少耕免耕等情景进行了模拟，对 NPS 氮素、磷素、泥沙的削减率进行估算，并且根据削减效果结合削减后污染物的空间分布。得出以下结论：

1）化肥减量、水土保持措施 P 因子、增加留茬覆盖量等技术均可以不同程度地削减 NPS 污染负荷。耕地里化肥施用量对流域内径流与泥沙的输出无影响，对各种形态的氮磷输出有积极的削减效果。单一措施削减效果最好的是水土保持措施 P 因子，其次是化肥减量。

2）"二元"的混合措施中，削减率最大的是留茬耕作+P 因子的组合，其次是少耕免耕+P 因子组合，部分二元混合的措施组合比两个单一措施加和的去除效率高，是协同的效果。

3）"三元"与"四元"的混合措施中，削减效果修好的是留茬耕作+少耕免耕+P 因子组合，其次是化肥减量+留茬耕作+P 因子。"三元"与"四元"的混合措施可以削减 NPS 污染，但是削减率没有比"二元"混合措施更高，说明更多的混合措施在削减率达到饱和后，并没有帮助提升至更高的削减率。4 种措施联合下的削减率略小于 4 种措施单一运行下的削减率之和，说明各种措施联合下，对于氮磷的削减会产生相互抵消的作用。

4）建议流域内轻度与中度污染风险区域实施单一的化肥减量措施，从源头上拦截 NPS 污染量，以及实施单一水土保持措施从过程中拦截削减 NPS 污染量。在重度污染区域实施"二元"混合的管理措施，化肥减量+水土保持措施从源头与过程中削减 NPS 污染。

5）NPS 的污染防控治理是一项综合性工作，每个环节都无法独立进行，应遵循预防为主、防治结合的原则，构建综合控制的模式：源头控制、过程削减拦截与末端治理相结合，并结合对应的管理与政策法规措施。

第6章　结论与展望

6.1　结论

前期的调查研究发现，奇峰河流域氮磷污染日益严重，因此本书选取奇峰河流域为研究区，基于 2015 年、2017 年、2018 年三期的土地利用类型数据，构建了奇峰河流域的 AnnAGNPS 模型。首先利用构建的 AnnAGNPS 模型，从土地利用类型、土壤类型与 NPS 污染过程的相互作用上，进行 NPS 污染与土地利用类型变化的定量化关系研究。其次，通过单一措施多情景、多元措施多情景的情景模拟方法，探讨了适用于奇峰河流域的最佳管理措施。最后，在此基础上制定了奇峰河流域 NPS 源污染的防控削减对策。最终结论如下：

1）流域水体与土壤非点源 N、P 分布特征。水质评价结果显示，水质 TN、TP 超标严重，TN 是奇峰河流域的主要污染物，其浓度超出了地表水 Ⅲ 类水质标准的 40 倍。水质的时间分布规律显示，枯水期 TN 与 TP 的浓度高于丰水期与平水期。空间上，N、P 污染呈现一定的空间趋势性以及空间自相关性。而流域内 N、P 营养盐限制因子的研究则表明，流域主要处于 P 限制状态。IDW 的空间插值方法稍优于 OK 插值。通过主成分分析，奇峰河流域污染的主要因子是典型的混合污染源，来源于 NPS 污染。

奇峰河流域结果显示，NO_3-N 在不同土地利用下的流失浓度大小顺序为水田＞旱地＞果园＞草地。NO_2-N 的流失浓度大小顺序为旱地＞水田＞果园＞草地。NH_3-N 的流失浓度大小顺序为水田＞旱地＞果园＞草地。TN 的流失浓度大小顺序为水田＞旱地＞园地＞草地。TP 的流失浓度大小顺序为园地＞旱地＞水田＞

草地。在氮素流失过程中，NO_3-N 是氮素流失的主要形态，而通过 NH_3-N 流失的氮素量则比较小。耕地是 NPS 污染流失的主要来源地。奇峰河流域实际监测表明，各采样点之间存在空间差异性。

2）AnnAGNPS 模型与 ArcGIS 技术的结合，通过奇峰河数据库的建立、最佳子流域划分、参数敏感性分析、模型参数校准与验证等过程，说明 AnnAGNPS 模型适用于岩溶地区奇峰河流域的径流、TN 与 TP 的模拟。径流校准期与验证期的 R^2 均大于 0.7，NSE 均大于 0.8，相对偏差小于−20%，表明对径流量的模拟效果良好。TN 校准期与验证期的 R^2 均大于 0.8，NSE 均大于 0.5，相对偏差小于−30%，表明对于 TN 的模拟结果在可接受范围内。TP 验证期的 R^2 均大于 0.9，NSE 均大于 0.55，相对偏差为 29%，表明模型 TP 的模拟效果也是可以接受的。利用校准与验证后的 AnnAGNPS 模型对奇峰河流域的径流量与泥沙模拟的时空规律进行评价分析，研究发现，奇峰河流域径流量与降雨量的时空特征分析表明，径流量与降雨量在年尺度与月尺度上均呈显著的正相关性，降雨量越大，产生的径流量也越大。地表径流输出量高的地方集中在居民居住地。产沙量与径流量在年尺度与月尺度上均呈显著的正相关性，降雨量越大，产生的泥沙量也越大。在空间上，流域上游的林地与园地的泥沙输出量最大。

3）利用校准后的 AnnAGNPS 模型探讨了 2009—2018 年奇峰河流域的 NPS 污染负荷的时空分布特征，并基于 MCA 方法建立 NPS 风险评价模型，采用风险指数法对奇峰河流域进行污染风险分区评价。在年际间，奇峰河流域 NPS 污染负荷变化受到地表径流的影响。各形态 N、P 与径流量呈正相关性，随着径流的增加而增加。在年内，农业 NPS 污染 N、P 主要集中在丰水期（4—8 月）。NPS 污染负荷体现出丰水期＞平水期＞枯水期的趋势。对于非点源 TN 与 TP，4—8 月汛期产生的污染量均占全年总量的 80%。在空间上，奇峰河流域的 NPS 污染负荷的空间差异显著，主要受降雨径流的不均匀性、土地利用方式的空间差异性、土壤类型与坡度等的影响。其中，林地的 NPS 污染负荷输出量最大。奇峰河流域 NPS 污染风险主要以潜在污染风险与轻度污染风险为主，分别占整个流域的 36.67% 与 35.42%；中度污染风险的面积占 22.49%，强度污染风险的面积最少，占 5.50%。潜在污染风险分区中，林地是主要的潜在污染来源。其他 3 个污染分区的 NPS 污染主要来源均是耕地。奇峰河流域的风险空间分布显示，上游区域的林地污染风险为潜在污染风险，中游村镇聚集以及农业耕作地的地方污染风险高，为中度污染风险区。

4）不同年份的土地利用变化对 NPS 污染负荷的输出量具有影响。2018 年土地利用类型下，AN、DN、TN、AP、TP 多年平均负荷最高，2017 年的泥沙与 DP 的多年平均负荷最高。非点源 TN 与 TP 的污染输出风险为林地＞耕地＞城镇用地＞果园＞草地。3 年不同的土地利用类型变化下，2015 年 NPS 污染主要来源于耕地，2017 年与 2018 年 NPS 污染主要来源于林地。2015 年土地利用类型下，TN 与 TP 的输出风险大小均相同，为旱地＞林地＞水田＞园地＞草地＞城镇用地。2017 年土地利用类型下，TN 与 TP 的输出风险大小均相同，为林地＞水田＞城镇用地＞旱地＞草地。2018 年土地利用类型下，TN 与 TP 的输出风险大小均相同，为林地＞旱地＞园地＞水田＞城镇用地。研究区奇峰河流域的 NPS 污染空间分布特点是上游及西部地区的污染较严重，这两个位置的土地利用类型主要是林地。

5）化肥减量、水土保持措施、增加留茬覆盖量、减少扰动面积的少耕免耕等技术均可以不同程度地削减 NPS 污染负荷。单一措施削减效果最好的是水土保持措施 P 因子，其次是化肥减量。"二元"的混合措施中，削减效率最大的是留茬耕作＋P 因子组合，其次是少耕免耕＋P 因子组合，二元混合的措施组合比单一措施的加和效率高，是协同的效果。"三元"与"四元"的混合措施中，削减效果最好的是留茬耕作＋少耕免耕＋P 因子组合，其次是化肥减量＋留茬耕作＋P 因子组合。"三元"与"四元"的混合措施可以削减 NPS 污染，但是削减率并不比"二元"混合的措施更高。建议流域内轻度与中度污染风险区域实施单一的化肥减量措施，从源头上拦截 NPS 污染量，以及实施单一水土保持措施从过程中拦截削减 NPS 污染量。在重度污染风险区域实施"二元"混合的管理措施，化肥减量＋水土保持措施从源头与过程中削减 NPS 污染。

6.2　创新点

本书的研究创新点包括以下三点：

1）经过参数的校准与验证，构建了覆盖型岩溶发育区喀斯特地貌下的桂林市奇峰河流域的 AnnAGNPS 模型，验证了在岩溶地区中参数 CN 的取值大于非岩溶地的取值，解决了 AnnAGNPS 模型在岩溶地区奇峰河流域应用的基础问题，模型稳健性良好。

2）基于参数敏感性结果，利用改进的非点源风险指数法与理想解法构建了奇峰河流域的 NPS 潜在污染风险计算模型，并提出对流域的风险分区管理办法，为流域的 NPS 污染治理提供技术支持。

3）结合毒理学中"等浓度固定比"的思想，通过情景模拟分析法，进行了各类控制管理措施多元组合多情景的流域 NPS 污染削减效果的情景模拟，得出了适用于奇峰河流域的管理措施，最后为奇峰河流域提出了 NPS 污染防控管理方案。

6.3 展望

本书通过物理过程的水文分布式 AnnAGNPS 模型以及统计学方法，对奇峰河流域的 NPS 污染进行了模拟，研究取得了一定的成果，但是仍存在几方面的问题，值得继续深入研究与探讨：

（1）数据库的完善与数据共享

计算机模型研究 NPS 污染的关键是 NPS 数据库，NPS 污染的基础也是 NPS 污染数据库。目前我国的环境监测工作仍处于不完善的状态，监测点位较少，监测频率低，缺乏对流域水质的监测。因此给模型的验证工作增加了不确定性，建议此类研究与自动监测技术相结合，增加监测点位与频率。

（2）长期的水文水质监测数据

在流域范围内可进一步增加农村流域的降雨径流水量水质的监测工作，以减少参数的空间差异性给模拟结果带来的不确定性。同时在气候降雨量方面进行预测研究，从而加强 NPS 污染的预测研究。

（3）AnnAGNPS 与地下水模型耦合研究

对 AnnAGNPS 与地下水模型进行耦合研究喀斯特流域的 NPS 污染，喀斯特地区的地表水与地下水的联系密切，且具有瞬时交换性，因此需要进一步研究地下水中的 NPS 污染。

（4）AnnAGNPS 与气象数据预测模型的耦合研究

AnnAGNPS 基于历史的气象数据对过去的 NPS 污染进行模拟，目前对于气象数据模拟预测的模型与 AnnAGNPS 模型结合的使用较少，后续的研究应注重对 NPS 污染的预测模拟。

（5）BMP 对 TN、TP 污染物的影响

BMP 已被证明能有效地减少 TN、TP 与从农田到地表水的沉积物的损失。然而，这些优势很少在广泛的空间范围内可以与水质改善联系起来。此外，农业 BMP 实施对河流水质的影响很少被测量或考虑。

参考文献

[1] S. 普里查德，刘卉. 全球未来淡水资源短缺趋势分析及应对策略[J]. 水利水电快报，2017，38（5）：14-16.

[2] 王春晓. 全球水危机及水资源的生态利用[J]. 生态经济，2014，30（3）：4-7.

[3] 水利部. 2017 年中国水资源公报[R]. 2017.

[4] 刘守海，张海景，项凌云，等. 杭州湾富营养化水域春季浮游生物生态群落特征研究[J]. 上海海洋大学学报，2015，24（2）：265-271.

[5] 司友斌，王慎强，陈怀满. 农田氮、磷的流失与水体富营养化[J]. 土壤，2000（4）：188-193.

[6] 李亚楠，薛新娟. 密云水库上游流域营养盐现状分析[J]. 北京水务，2013（4）：21-24.

[7] 朱波，汪涛，况福虹，等. 紫色土坡耕地硝酸盐淋失特征[J]. 环境科学学报，2008，28（3）：525-533.

[8] 汪涛，朱波，罗专溪，等. 紫色土坡耕地硝酸盐流失过程与特征研究[J]. 土壤学报，2010，47（5）：962-970.

[9] Arhonditsis G，Tsirtsis G，Angelidis M O，et al. Quantification of the effects of nonpoint nutrient sources to coastal marine eutrophication：applications to a semi-enclosed gulf in the Mediterranean Sea[J]. Ecological Modelling，2000，129（2）：209-227.

[10] Kronvang B，Graesbøll P，Larsen S E，et al. Diffuse nutrient losses in Denmark[J]. Water Science and Technology，1996，33（4）：81-88.

[11] Boers P C M. Nutrient emissions from agriculture in the Netherlands，causes and remedies[J]. Water Science and Technology，1996，33（4）：183-189.

[12] 王振刚. 密云水库上游石匣小流域非点源污染负荷模型研究与建立[D]. 北京，首都师范大学，2002.

[13] 陈瑜，刘光逊，赵越，等. 仿真流域的总氮模拟-SPARROW 模型应用方法研究[J]. 水资源与水工程学报，2012，23（4）：98-101.

[14] 梁辉朝，吕俊．桂林青狮潭水库浮游藻类状况及水质评价[J]．广西水利水电，2018（5）：60-63．

[15] 王艳萍，李发文，莫晨，等．桂林会仙湿地水质与湿地植物生长的关系[J]．资源节约与环保，2018（2）：108-110．

[16] Hickel，Water J. Federal water pollution control act[Z]. 2002.

[17] Novotny V. Water quality：prevention，identification and management of diffuse pollution[M]. New York：Van Nostrand-Reinhold Publishers，1994.

[18] 陈成龙．三峡库区小流域氮磷流失规律与模型模拟研究[D]．重庆：西南大学，2017．

[19] Liu L，Zhang X，Xu W，et al. Ammonia volatilization as the major nitrogen loss pathway in dryland agro-ecosystems[J]. Environmental Pollution，2020，265：1-40.

[20] http://data.stats.gov.cn/easyquery.htm?cn=C01&zb=A0D06&sj=2017.

[21] 王克．农资市场期待大户时代[J]．中国经济周刊，2017（29）：70-71．

[22] 杨慧，刘立晶，刘忠军，等．我国农田化肥施用现状分析及建议[J]．农机化研究，2014（9）：260-264．

[23] 吴家琼，刘克芝，邹娟，等．潜江市几种主要农作物肥料利用率的初步研究[J]．湖北农业科学，2013，52（13）：3002-3006，3010．

[24] 黄文军，刘泉，陈朝镇，等．农业非点源氮磷污染的研究进展[J]．绵阳师范学院学报，2017，36（8）：99-105．

[25] 李应中．2012 年我国粮食形势综合分析（一）[J]．中国农业信息，2013（8）：7-9．

[26] 黄文军，刘泉，陈朝镇，等．农业非点源氮磷污染的研究进展[J]．绵阳师范学院学报，2017，36（8）：99-105．

[27] 李智广，刘秉正．我国主要江河流域土壤侵蚀量测算[J]．中国水土保持科学，2006，4（2）：1-6．

[28] 李智广．中国水土流失现状与动态变化[J]．中国水利，2009（7）：8-11．

[29] Gholami V，Sahour H，Hadian Amri M A. Soil erosion modeling using erosion pins and artificial neural networks[J]. CATENA，2020，196：104902.

[30] Luetzenburg G，Bittner M J，Calsamiglia A，et al. Climate and land use change effects on soil erosion in two small agricultural catchment systems Fugnitz-Austria，Can Revull-Spain[J]. Science of the Total Environment，2020，704：135389.

[31] Farhan Y，Zregat D，Anbar A. Assessing farmers' perception of soil erosion risk in Northern Jordan[J]. Journal of Environmental Protection，2015，6（8）：867-884.

[32] Teng H，Hu J，Zhou Y，et al. Modelling and mapping soil erosion potential in China[J]. Journal

of Integrative Agriculture，2019，18（2）：251-264.

[33] 司家济. 基于 ArcGIS 和 USLE 模型的颍河流域土壤侵蚀研究[J]. 人民珠江，2020，41（6）：93-98.

[34] 李铁峰. 康平县三道沟小流域土壤侵蚀特征分析[J]. 水土保持应用技术，2020（3）：18-21.

[35] 高江波，王欢. 基于 GWR 模型的喀斯特地区产流量与土壤侵蚀权衡的时空特征——以贵州省三岔河流域为例[J]. 山地学报，2019，37（4）：518-527.

[36] 李亚平，卢小平，张航，等. 基于 GIS 和 RUSLE 的淮河流域土壤侵蚀研究——以信阳市商城县为例[J]. 国土资源遥感，2019，31（4）：243-249.

[37] 刘金山，倪福全，邓玉，等. 岷江上游流域土壤侵蚀风险评估[J]. 南水北调与水利科技，2019，17（1）：105-112.

[38] 赵晶薇，赵蕊，何艳芬，等. 基于"3R"原则的农村生活垃圾处理模式探讨[J]. 中国人口·资源与环境，2014，24（S2）：263-266.

[39] 韩智勇，费勇强，刘丹，等. 中国农村生活垃圾的产生量与物理特性分析及处理建议[J]. 农业工程学报，2017，33（15）：1-14.

[40] 岳波，张志彬，孙英杰，等. 我国农村生活垃圾的产生特征研究[J]. 环境科学与技术，2014，37（6）：129-134.

[41] 陈子爱，贺莉，潘科. 农村生活污水处理现状与分析[J]. 中国沼气，2015，33（6）：68-71.

[42] 王渊. 典型集约化农区地下潜水非点源污染特征及其与土地利用关系[D]. 杭州：浙江大学，2018.

[43] 唐世翠，彭吉艳，彭永胜. 禽畜养殖污染产生的原因及处理[J]. 中国畜牧兽医文摘，2016，32（1）：77.

[44] Ma G，Wang Y，Bao X，et al. Nitrogen pollution characteristics and source analysis using the stable isotope tracing method in Ashi River，Northeast China[J]. Environmental Earth Sciences，2015，73（8）：4831-4839.

[45] Bao W，Yang Y，Fu T，et al. Estimation of livestock excrement and its biogas production potential in China[J]. Journal of Cleaner Production，2019，229：1158-1166.

[46] Li W，Lei Q，Yen H，et al. The overlooked role of diffuse household livestock production in nitrogen pollution at the watershed scale[J]. Journal of Cleaner Production，2020，272：122758.

[47] Ström G，Albihn A，Jinnerot T，et al. Manure management and public health：sanitary and socio-economic aspects among urban livestock-keepers in Cambodia[J]. Science of the Total Environment，2018，621：193-200.

[48] Chadwick D，Wei J，Yan'An T，et al. Improving manure nutrient management towards

sustainable agricultural intensification in China[J]. Agriculture，Ecosystems & Environment，2015，209：34-46.

[49] 何锋. 北京山区流域土地利用系统非点源污染环境风险评价与 SPARROW 模拟[D]. 北京：中国农业大学，2014.

[50] 樊才睿，李畅游，孙标，等. 不同放牧制度对呼伦贝尔草原径流中磷流失模拟研究[J]. 水土保持学报，2017，31（1）：17-23.

[51] 张旭，郝庆菊，高扬，等. 都市农业区域暴雨径流磷素输出特征研究——以上海市新场镇果园村为例[J]. 水土保持研究，2010，17（4）：38-42.

[52] Sharpley A N，Robinson J S，Smith S J. Bioavailable phosphorus dynamics in agricultural soils and effects on water quality[J]. Geoderma，1995，67（1-2）：1-15.

[53] 王宏，徐娅玲，张奇，等. 沱江流域典型农业小流域氮和磷排放特征[J]. 环境科学，2020，41（10）：4547-4554.

[54] 曹瑞霞，刘京，邓开开，等. 三峡库区典型紫色土小流域径流及氮磷流失特征[J]. 环境科学，2019，40（12）：5330-5339.

[55] Alavinia M，Saleh F N，Asadi H. Effects of rainfall patterns on runoff and rainfall-induced erosion[J]. International Journal of Sediment Research，2019，34（3）：270-278.

[56] Panagos P，Borrelli P，Meusburger K，et al. Global rainfall erosivity assessment based on high-temporal resolution rainfall records[J]. Scientific Reports，2017，7：4175.

[57] Liu J，Liu H. Soil erosion changes during the last 30 years and contributions of gully erosion to sediment yield in a small catchment，Southern China[J]. Geomorphology，2020，368：107357.

[58] 周崧，和树庄，胡斌，等. 滇池柴河小流域暴雨径流氨氮的输移过程研究[J]. 环境科学与技术，2013，36（1）：162-168.

[59] 金洁，杨京平. 从水环境角度探析农田氮素流失及控制对策[J]. 应用生态学报，2005，16（3）：579-582.

[60] Han J G，Li Z B，Li P，et al. Nitrogen and phosphorous concentrations in runoff from a purple soil in an agricultural watershed[J]. Agricultural Water Management，2010，97（5）：757-762.

[61] 王志荣，梁新强，隆云鹏，等. 化肥减量与秸秆还田对油菜地氮素地表径流的影响[J]. 浙江农业科学，2019，60（2）：193-200.

[62] Fu J，Wu Y，Wang Q，et al. Importance of subsurface fluxes of water，nitrogen and phosphorus from rice paddy fields relative to surface runoff[J]. Agricultural Water Management，2019，213：627-635.

[63] 李娟，章明清，孔庆波. 土壤无机氮解吸特性和菜稻轮作对田间渗漏水硝态氮浓度的影

响[J]. 中国农学通报，2018，34（15）：114-118.

[64] 刘娟，包立，张乃明，等. 我国 4 种土壤磷素淋溶流失特征[J]. 水土保持学报，2018，32（5）：64-70.

[65] 闫建梅，何丙辉，田太强，等. 施肥水平与耕作模式对紫色土坡耕地地表径流磷素流失的影响[J]. 水土保持学报，2015，29（1）：132-136.

[66] 张亚丽，张兴昌，邵明安，等. 秸秆覆盖对黄土坡面矿质氮素径流流失的影响[J]. 水土保持学报，2004，18（1）：85-88.

[67] 叶祖鑫，林晨，安艳玲，等. 土地利用驱动下洪泽湖支流流域非点源颗粒态磷流失时空变化特征[J]. 农业环境科学学报，2017，36（4）：734-742.

[68] 马耀光，郭大勇，许永功，等. 黄土层中灌溉对尿素淋失特征的影响[J]. 水土保持学报，2003，17（4）：113-116.

[69] 张洋. 施磷对榨菜/玉米根际土壤氮磷形态变化与富集的影响[D]. 重庆：西南大学，2017.

[70] 张杰，谢颂华，莫明浩，等. 不同覆盖红壤坡地磷素随径流分层输出的特征[J]. 中国水土保持科学，2017，15（4）：68-77.

[71] 李学平，孙燕，石孝均. 紫色土稻田磷素淋失特征及其对地下水的影响[J]. 环境科学学报，2008，28（9）：1832-1838.

[72] Zhang P，Liu R，Bao Y，et al. Uncertainty of SWAT model at different DEM resolutions in a large mountainous watershed[J]. Water Research，2014，53：132-144.

[73] Chaffin J D，Davis T W，Smith D J，et al. Interactions between nitrogen form，loading rate，and light intensity on Microcystis and Planktothrix growth and microcystin production[J]. Harmful Algae，2018，73：84-97.

[74] Kjelland M E，Woodley C M，Swannack T M，et al. A review of the potential effects of suspended sediment on fishes：potential dredging-related physiological，behavioral，and transgenerational implications[J]. Environment Systems and Decisions，2015，35（3）：334-350.

[75] Davis S J，Ó HUallacháin D，Mellander P，et al. Multiple-stressor effects of sediment，phosphorus and nitrogen on stream macroinvertebrate communities[J]. Science of the Total Environment，2018，637-638：577-587.

[76] 侯越. 农业非点源污染的危害与防治措施[J]. 水资源与水工程学报，2008，19（4）：103-106.

[77] 赵玲，滕应，骆永明. 中国农田土壤农药污染现状和防控对策[J]. 土壤，2017，49（3）：417-427.

[78] 张丹，钟茂生，姜林，等. 农业非点源污染：农药与地下水污染和防治刍议议[Z]. 2013.

[79] 李小牛，周长松，周孝德，等. 污灌区浅层地下水污染风险评价研究[J]. 水利学报，2014，

45（3）：326-334.

[80] 刘丽雅，何江涛，王俊杰. 浑河傍河区地下水氮污染来源贡献研究[J]. 岩土工程技术，2015，29（2）：59-64.

[81] 贾卓，杨国华，张赫轩，等. 挠力河流域地下水氮污染特征分析[J]. 环境污染与防治，2018，40（4）：418-422.

[82] 王锦国，李群，王碧莹，等. 奎河两岸污灌区浅层地下水氮污染特征及同位素示踪分析[J]. 长江科学院院报，2017，34（4）：15-19.

[83] Paul A，Moussa I，Payre V，et al. Flood survey of nitrate behaviour using nitrogen isotope tracing in the critical zone of a French agricultural catchment[J]. Comptes Rendus Geoscience，2015，347（7）：328-337.

[84] 赵天良，柳笛，李恬，等. 农业活动大气污染物排放及其大气环境效应研究进展[J]. 科学技术与工程，2016，16（28）：144-152.

[85] Erisman J W，Bleeker A，Hensen A，et al. Agricultural air quality in Europe and the future perspectives[J]. Atmospheric Environment，2008，42（14）：3209-3217.

[86] Webb J，Pain B，Bittman S，et al. The impacts of manure application methods on emissions of ammonia，nitrous oxide and on crop response—a review[J]. Agriculture，Ecosystems & Environment，2010，137（1-2）：39-46.

[87] 晏维金，尹澄清，孙濮，等. 磷氮在水田湿地中的迁移转化及径流流失过程[J]. 应用生态学报，1999，10（3）：57-61.

[88] 张笑宇，储茵，马友华，等. 巢湖沿岸圩区稻季营养盐的输出特征研究[J]. 中国农学通报，2015，31（12）：242-246.

[89] 车明轩，宫渊波，穆罕默德·纳伊姆·汉，等. 人工模拟降雨条件下不同雨强、坡度对紫色土坡面产流的影响[J]. 水土保持通报，2016，36（4）：164-168.

[90] 潘忠成，袁溪，李敏. 降雨强度和坡度对土壤氮素流失的影响[J]. 水土保持学报，2016，30（1）：9-13.

[91] 王添，任宗萍，李鹏，等. 模拟降雨条件下坡度与地表糙度对径流产沙的影响[J]. 水土保持学报，2016，30（6）：1-6.

[92] 乔闪闪，吴磊，彭梦玲. 人工模拟降雨条件下黄土坡面水—沙—氮磷流失特征[J]. 环境科学研究，2018，31（10）：1728-1735.

[93] Rohm C M，Omernik J M，Woods A J，et al. Regional characteristics of nutrient concentrations in streams and their application to nutrient creteria development [J]. Journal of the American Water Resources Association，2002，38（1）：213-239.

[94] Johnes P J. Evaluation and management of the impact of land use change on the nitrogen and phosphorus load delivered to surface waters: the export coefficient modelling approach[J]. Journal of hydrology, 1996, 183 (3-4): 323-349.

[95] Richard A. Smith G E S A. Regionalinterpretation of water-quality monitoring data[J]. Water Resources Research, 1997, 33 (12): 2781-2798.

[96] Lemunyon J L, Gilbert R G. The concept and need for a phosphorus assessment tool[J]. Journal of Production Agriculture, 1993, 6 (4): 483-486.

[97] Sharpley A. Identifying sites vulnerable to phosphorus loss in agricultural runoff[J]. Journal of Environmental Quality, 1995, 24 (5): 947-951.

[98] Djodjic F, Bergstrom L. Conditional phosphorus index as an educational tool for risk assessment and phosphorus management[J]. Ambio, 2005, 34 (4-5): 296-300.

[99] Marjerison R D, Dahlke H, Easton Z M, et al. A phosphorus index transport factor based on variable source area hydrology for New York State[J]. Journal of Soil and Water Conservation, 2011, 66 (3): 149-157.

[100] 周慧平, 高超. 巢湖流域非点源磷流失关键源区识别[J]. 环境科学, 2008, 29 (10): 2696-2702.

[101] Reid D K. A modified Ontario P index as a tool for on-farm phosphorus management[J]. Canadian Journal of Soil Science, 2011, 91 (3SI): 455-466.

[102] Smith R A, Schwarz G E, Alexander R B. Regional interpretation of water-quality monitoring data[J]. Water Resources Research, 1997, 33 (12): 2781-2798.

[103] 陈瑜, 刘光逊, 赵越, 等. 仿真流域的总氮模拟-SPARROW 模型应用方法研究[J]. 水资源与水工程学报, 2012, 23 (4): 98-101.

[104] 刘峰. 基于 SPARROW 模型的大凌河磷素滞留特性研究[J]. 水利技术监督, 2017, 25 (1): 13-15.

[105] Kim D, Kaluskar S, Mugalingam S, et al. A Bayesian approach for estimating phosphorus export and delivery rates with the SPA tially Referenced Regression on Watershed attributes (SPARROW) model[J]. Ecological Informatics, 2017, 37: 77-91.

[106] Velthof G L, Oudendag D, Witzke H P, et al. Integrated assessment of nitrogen losses from agriculture in EU-27 using MITERRA-EUROPE[J]. Journal of Environmental Quality, 2009, 38 (2): 402-417.

[107] Knisel W G. CREAMS: a field scale model for chemicals, runoff, and erosion from agricultural management systems [USA][J]. United States. Dept. of Agriculture. Conservation Research

Report（USA），1980.

[108] 吴明作，申冲，杨喜田，等. 河南省降雨侵蚀力时空变异与不同算法比较研究[J]. 水土保持研究，2011，18（2）：10-13.

[109] 朱雪梅，晏巧伦，邵继荣，等. 基于 CREAMS 模型的川北低山深丘区降雨侵蚀力 R 简易算法研究[J]. 江苏农业科学，2011，39（4）：428-430.

[110] Kang M. Comparing farming methods in pollutant runoff loads from paddy fields using the CREAMS-PADDY Model[J]. The Korean Society of Environmental Agriculture，2012，31（4）：318-327.

[111] Leonard R A，Knisel W G，Still D A. GLEAMS：groundwater loading effects of agricultural management systems[J]. Transactions of the ASAE，1987，30（5）：1403-1418.

[112] Bouraoui F，Dillaha T A. ANSWERS-2000：runoff and sediment transport model[J]. Journal of Environment Engineering -ASCE，1996，122（6）：493-502.

[113] John E，Parsons D L T R. Agricultural non-point source water quality models：their use and application[M]. Manhattan，Kansas：Southern Cooperative Series Bulletin，2001.

[114] Beasley D B，Huggins L F. ANSWERS，areal nonpoint source watershed environment response simulation：user's manual[J]. 1981.

[115] 王海龙，韩英. 非点源污染环境模型（ANSWERS-2000）研究现状[J]. 水土保持应用技术，2006（6）：5-7.

[116] Young R A，Onstad C A，Bosch D D，et al. AGNPS：a nonpoint-source pollution model for evaluating agricultural watersheds[J]. Journal of Soil and Water Conservation，1989，44（2）：168-173.

[117] 黄志霖，田耀武，肖文发. AGNPS 模型机理与预测偏差影响因素[J]. 生态学杂志，2008，27（10）：1806-1813.

[118] Bosch D，Theurer F，Bingner R，et al. Evaluation of the AnnAGNPS water quality model[J]. Agricultural Non-Point Source Water Quality Models：Their Use and Application，1998：45-54.

[119] S. L. Neitsch J G A J. Soil and Water assessement tool theoretical documention[Z]. 2000.

[120] 朱烨，方秀琴，王凯，等. 基于 SWAT 模型的延河流域月径流量模拟分析[J]. 长江科学院院报，2016，33（10）：41-45.

[121] 李志强，朱超霞，刘贵花. SWAT 模型下基于 DEM 的水文响应单元划分——以濂水流域为例[J]. 江西水利科技，2017，43（6）：438-442.

[122] 陈祥，刘卫林，熊翰林，等. SWAT 模型在赣江流域径流模拟中的应用研究[J]. 人民珠江，2018，39（12）：31-35.

[123] 苏欣，陈震. SWAT 模型在青铜峡灌区水循环的应用研究 II：模型应用[J]. 节水灌溉，2019，281（1）：18-21.

[124] 罗川，李兆富，席庆，等. HSPF 模型水文水质参数敏感性分析[J]. 农业环境科学学报，2014，33（10）：1995-2002.

[125] 白晓燕，位帅，时序，等. 基于 HSPF 模型的东江流域降水对非点源污染的影响分析[J]. 灌溉排水学报，2018，37（7）：112-119.

[126] Yuan Y，Bingner R L. Evaluation of AnnAGNPS on Mississippi delta MSEA watersheds[J]. Transactions of the Asae，2001，44（5）：1183-1190.

[127] Chahor Y，Casalí J，Giménez R，et al. Evaluation of the AnnAGNPS model for predicting runoff and sediment yield in a small Mediterranean agricultural watershed in Navarre（Spain）[J]. Agricultural Water Management，2014，134：24-37.

[128] Das S，Rudra R P，Goel P K，et al. Evaluation of AnnAGNPS in cold and temperate regions[J]. Water Science & Technology a Journal of the International Association on Water Pollution Research，2006，53（2）：263-270.

[129] Pease L M，Oduor P，Padmanabhan G. Estimating sediment，nitrogen，and phosphorous loads from the Pipestem Creek watershed，North Dakota，using AnnAGNPS[J]. Computers & Geosciences，2010，36（3）：282-291.

[130] Shamshad A，Leow C S，Ramlah A，et al. Applications of AnnAGNPS model for soil loss estimation and nutrient loading for Malaysian conditions[J]. International Journal of Applied Earth Observation & Geoinformation，2008，10（3）：239-252.

[131] Zema D A，Bingner R L，Denisi P，et al. Evaluation of runoff，peak flow and sediment yield for events simulated by the AnnAGNPS model in a belgian agricultural watershed[J]. Land Degradation & Development，2012，23（3）：205-215.

[132] Bisantino T，Bingner R，Chouaib W，et al. Estimation of runoff，peak discharge and sediment load at the event scale in a medium-size mediterranean watershed using the AnnAGNPs model[J]. Land Degradation & Development，2015，26（4）：340-355.

[133] Abdelwahab O M M，Bingner R L，Milillo F，et al. Effectiveness of alternative management scenarios on the sediment load in a Mediterranean agricultural watershed[J]. Journal of Agricultural Engineering，2014，45（3）：125-136.

[134] Zema D A，Denisi P，Ruiz E，et al. Evaluation of surface runoff prediction by AnnAGNPS model in a large mediterranean watershed covered by olive groves[J]. Land Degradation and Development，2016，27（3）：811-822.

[135] 陈欣，郭新波. 采用 AGNPS 模型预测小流域磷素流失的分析[J]. 农业工程学报，2000，16（5）：44-47.

[136] 王飞儿，吕唤春，陈英旭，等. 基于 AnnAGNPS 模型的千岛湖流域氮、磷输出总量预测[J]. 农业工程学报，2003，19（6）：281-284.

[137] 贾宁凤，段建南，李保国，等. 基于 AnnAGNPS 模型的黄土高原小流域土壤侵蚀定量评价[J]. 农业工程学报，2006，22（12）：23-27.

[138] 李家科，李怀恩，李亚娇，等. 基于 AnnAGNPS 模型的陕西黑河流域非点源污染模拟[J]. 水土保持学报，2008，22（6）：81-88.

[139] 李开明，任秀文，黄国如，等. 基于 AnnAGNPS 模型泗合水流域非点源污染模拟研究[J]. 中国环境科学，2013（S1）：54-59.

[140] 闫胜军，郭青霞，闫瑞，等. AnnAGNPS 模型在黄土丘陵沟壑区小流域的适用性评价[J]. 水资源与水工程学报，2016，27（1）：13-19.

[141] 赵刚，张天柱，陈吉宁. 用 AGNPS 模型对农田侵蚀控制方案的模拟[J]. 清华大学学报（自然科学版），2002，42（5）：705-707.

[142] 朱松，陈英旭. 小流域 N、P 污染负荷的构成比重研究[J]. 环境污染与防治，2003，25（4）：226-227.

[143] 黄金良，洪华生，杜鹏飞，等. AnnAGNPS 模型在九龙江典型小流域的适用性检验[J]. 环境科学学报，2005，25（8）：1135-1142.

[144] 邹桂红，崔建勇. 基于 AnnAGNPS 模型的农业非点源污染模拟[Z]. 2007.

[145] 王静，丁树文，蔡崇法，等. AnnAGNPS 模型在丹江库区黑沟河流域的模拟应用与检验[J]. 土壤通报，2009，40（4）：907-912.

[146] 钟科元，陈莹，陈兴伟，等. 基于农业非点源污染模型的桃溪流域日径流泥沙模拟[J]. 水土保持通报，2015，35（6）：130-134.

[147] 程炯，吴志峰，刘平，等. 珠江三角洲典型流域 AnnAGNPS 模型模拟研究[J]. 农业环境科学学报，2007，26（3）：842-846.

[148] 王晓利，姜德娟，张华. 基于 AnnAGNPS 模型的胶东半岛大沽河流域非点源污染模拟研究[J]. 农业环境科学学报，2014，33（7）：1379-1387.

[149] 王晓燕，林青慧. DEM 分辨率及子流域划分对 AnnAGNPS 模型模拟的影响[J]. 中国环境科学，2011（S1）：46-52.

[150] 田耀武，黄志霖，曾立雄，等. DEM 格网尺度对 AnnAGNPS 预测山地小流域径流和物质输出的影响[J]. 环境科学学报，2009，29（4）：846-853.

[151] 黄志霖，田耀武，肖文发，等. 三峡库区黑沟流域 AnnAGNPS 参数空间聚合效应[J]. 生

态学报，2009，29（12）：6681-6690.

[152] 娄永才，郭青霞. 岔口小流域非点源污染模型 AnnAGNPS 不确定性分析[J]. 农业环境科学学报，2018，37（5）：956-964.

[153] 钟科元. AnnAGNPS 模型参数空间聚合水文效应研究[D]. 福州：福建师范大学，2015.

[154] Parker G T，Rennie C D，Droste R L. Model structure and uncertainty for stochastic non-point source modelling applications[J]. Hydrological Sciences Journal，2011，56（5）：870-882.

[155] Pradhanang S M，Briggs R D. Effects of critical source area on sediment yield and streamflow[J]. Water and Environment Journal，2014，28：222-232.

[156] Dakhlalla A O，Parajuli P B. Evaluation of the best management practices at the watershed scale to attenuate peak streamflow under climate change scenarios[J]. Water Resources Management，2016，30（3）：963-982.

[157] Ni X，Parajuli P B. Evaluation of the impacts of BMPs and tailwater recovery system on surface and groundwater using satellite imagery and SWAT reservoir function[J]. Agriclutural Water Management，2018，210：78-87.

[158] Ricci G F，Jeong J，De Girolamo A M，et al. Effectiveness and feasibility of different management practices to reduce soil erosion in an agricultural watershed[J]. Land Use Policy，2020，90：104306.

[159] 邹桂红，崔建勇，刘占良，等. 大沽河典型小流域非点源污染模拟[J]. 资源科学，2008，30（2）：288-295.

[160] 田耀武，肖文发，黄志霖. 基于 AnnAGNPS 模型的三峡库区黑沟小流域退耕还林生态服务价值[J]. 生态学杂志，2011，30（4）：670-676.

[161] 田耀武，黄志霖，肖文发. 基于 AnnAGNPS 模型的三峡库区秭归县非点源污染输出评价[J]. 生态学报，2011，31（16）：4568-4578.

[162] 花利忠，贺秀斌，颜昌宙，等. 三峡库区大宁河流域径流泥沙的 AnnAGNPS 定量评价[J]. 水土保持通报，2009，29（6）：148-152.

[163] 耿润哲，王晓燕，段淑怀，等. 基于数据库的农业非点源污染最佳管理措施效率评估工具构建[J]. 环境科学学报，2013，33（12）：3292-3300.

[164] 边金云，王飞儿，杨佳，等. 基于 AnnAGNPS 模型四岭水库小流域氮磷流失特征的模拟研究[J]. 环境科学，2012，33（8）：2659-2666.

[165] Qi H，Altinakar M S. A conceptual framework of agricultural land use planning with BMP for integrated watershed management[J]. Journal of Environmental Management，2011，92（1）：149-155.

[166] Yang G, Best E P H. Spatial optimization of watershed management practices for nitrogen load reduction using a modeling-optimization framework[J]. Journal of Environmental Management, 2015, 161: 252-260.

[167] Abdelwahab O M M, Bingner R L, Milillo F, et al. Evaluation of alternative management practices with the AnnAGNPS model in the Carapelle watershed[J]. Soil Science, 2016, 181 (7): 293-305.

[168] Grunwald S, Frede H G. Using the modified agricultural non-point source pollution model in German watersheds[J]. Catena, 1999, 37 (3): 319-328.

[169] 赵雪松. 基于改进的 AnnAGNPS 模型的区域农业面源污染模拟研究[J]. 水利技术监督, 2016 (4): 64-67.

[170] Zema D A, Lucas-Borja M E, Carrà B G, et al. Simulating the hydrological response of a small tropical forest watershed (Mata Atlantica, Brazil) by the AnnAGNPS model[J]. Science of the Total Environment, 2018, 636: 737-750.

[171] Wang Y, Zhang X, Huang C. Spatial variability of soil total nitrogen and soil total phosphorus under different land uses in a small watershed on the Loess Plateau, China[J]. Geoderma, 2009, 150 (1-2): 141-149.

[172] Herman M R, Nejadhashemi A P, Daneshvar F, et al. Optimization of conservation practice implementation strategies in the context of stream health[J]. Ecological Engineering, 2015, 84: 1-12.

[173] Romano G, Abdelwahab O M M, Gentile F. Modeling land use changes and their impact on sediment load in a Mediterranean watershed[J]. Catena (Giessen), 2018, 163: 342-353.

[174] Aminjavaheri S M, Nazif S. Determining the robust optimal set of BMPs for urban runoff management in data-poor catchments[J]. Journal of Environmental Planning and Management, 2018, 61 (7): 1180-1203.

[175] Roger A, Libohova Z, Rossier N, et al. Spatial variability of soil phosphorus in the Fribourg canton, Switzerland[J]. Geoderma, 2014, 217: 26-36.

[176] Li Q, Yue T, Wang C, et al. Spatially distributed modeling of soil organic matter across China: an application of artificial neural network approach[J]. CATENA, 2013, 104: 210-218.

[177] Li Q, Luo Y, Wang C, et al. Spatiotemporal variations and factors affecting soil nitrogen in the purple hilly area of Southwest China during the 1980 s and the 2010 s[J]. Science of the Total Environment, 2016, 547: 173-181.

[178] Mayes M, Marin-Spiotta E, Szymanski L, et al. Soil type mediates effects of land use on soil

carbon and nitrogen in the Konya Basin，Turkey[J]. Geoderma，2014，232-234：517-527.

[179] Schmal C，Myung J，Herzel H，et al. Moran's *I* quantifies spatio-temporal pattern formation in neural imaging data[J]. Bioinformatics，2017，33（19）：3072-3079.

[180] 孔令娜，向南平. 基于 ArcGIS 的降水量空间插值方法研究[J]. 测绘与空间地理信息，2012，35（3）：123-126.

[181] 刘德林，刘贤赵. 主成分分析在河流水质综合评价中的应用[J]. 水土保持研究，2006，13（3）：124-125.

[182] 付适，倪九派，何丙辉，等. 汉丰湖正式运行年水体营养盐分布特征[J]. 环境科学，2020，41（5）：2116-2126.

[183] 杨凡，杨正健，纪道斌，等. 三峡库区不同河段支流丰水期叶绿素 a 和营养盐的空间分布特征[J]. 环境科学，2019，40（11）：4944-4952.

[184] 雷沛，张洪，单保庆. 丹江口水库典型入库支流氮磷动态特征研究[J]. 环境科学，2012，33（9）：3038-3045.

[185] 笪文怡，朱广伟，黎云祥，等. 新安江水库河口区水质及藻类群落结构高频变化[J]. 环境科学，2020，41（2）：713-727.

[186] 雷沛，张洪，单保庆. 丹江口水库典型入库支流氮磷动态特征研究[J]. 环境科学，2012，33（9）：3038-3045.

[187] Duan S，Liang T，Zhang S，et al. Seasonal changes in nitrogen and phosphorus transport in the lower Changjiang River before the construction of the Three Gorges Dam[J]. Estuarine，Coastal and Shelf Science，2008，79（2）：239-250.

[188] 吴桢，吴思枫，刘永，等. 湖泊氮磷循环的关键过程与定量识别方法[J]. 北京大学学报（自然科学版），2018，54（1）：218-228.

[189] Zhang Y，Song C，Ji L，et al. Cause and effect of N/P ratio decline with eutrophication aggravation in shallow lakes[J]. Science of the Total Environment，2018，627：1294-1302.

[190] 任加国，王彬，师华定，等. 沱江上源支流土壤重金属污染空间相关性及变异解析[J]. 农业环境科学学报，2020，39（3）：530-541.

[191] Qin G，Liu J，Xu S，et al. Water quality assessment and pollution source apportionment in a highly regulated river of Northeast China[J]. Environmental monitoring and assessment，2020，192（7）.

[192] Downing J A. The nitrogen phosphorus relationship in lakes[Z]. 1992.

[193] Salvia M，Iffly J F，Vander Borght P，et al. Application of the snapshot' methodology to a basin-wide analysis of phosphorus and nitrogen at stable low flow[J]. Hydrobiologia，1999，

410：97-102.

[194] 任梦甜，陈荣，雷振，等. 铜绿微囊藻增殖与产毒过程中的氮磷限制与主控因子研究[J]. 水资源保护，2019，35（5）：102-107.

[195] 钱田，黄琪，何丙辉，等. 三峡库区汉丰湖水体氮磷及化学计量比季节变化特征[J]. 环境科学，2020，41（12）：170-177.

[196] Mamun M，Kwon S，Kim J，et al. Evaluation of algal chlorophyll and nutrient relations and the N：P ratios along with trophic status and light regime in 60 Korea reservoirs[J]. Science of the Total Environment，2020，741：140451.

[197] 王霞，刘雷，何跃，等. 洪泽湖水体富营养化时空分布特征与影响因素分析[J]. 环境监测管理与技术，2019，31（2）：58-61.

[198] 李艳利，杨梓睿，尹希杰，等. 太子河下游河流硝酸盐来源及其迁移转化过程[J]. 环境科学，2018，39（3）：1076-1084.

[199] Cruz M A S，Gonçalves A D A，de Aragão R，et al. Spatial and seasonal variability of the water quality characteristics of a river in Northeast Brazil[J]. Environmental Earth Sciences，2019，78（3）.

[200] 陈昭明，王伟，赵迎，等. 改进主成分分析与多元回归融合的汉丰湖水质评估及预测[J]. 环境监测管理与技术，2020，32（4）：15-19.

[201] Zhang H，Li H，Yu H，et al. Water quality assessment and pollution source apportionment using multi-statistic and APCS-MLR modeling techniques in Min River Basin，China[J]. Environmental Science and Pollution Research，2020.

[202] Ahn J M，Lyu S. Selection of priority tributaries for point and non-point source pollution management[J]. KSCE Journal of Civil Engineering，2020，24（4）：1060-1069.

[203] 江叶枫，叶英聪，郭熙，等. 江西省耕地土壤氮磷生态化学计量空间变异特征及其影响因素[J]. 土壤学报，2017，54（6）：1527-1539.

[204] Rezaee L，Moosavi A A，Davatgar N，et al. Soil quality indices of paddy soils in Guilan province of northern Iran：spatial variability and their influential parameters[J]. Ecological Indicators，2020，117：106566.

[205] 张铁钢. 丹江中游小流域水—沙—养分输移过程研究[D]. 西安：西安理工大学，2016.

[206] Yue F，Waldron S，Li S，et al. Land use interacts with changes in catchment hydrology to generate chronic nitrate pollution in karst waters and strong seasonality in excess nitrate export[J]. Science of the Total Environment，2019，696：134062.

[207] 孙骞，王兵，周怀平，等. 黄土丘陵区小流域土壤碳氮磷生态化学计量特征的空间变异性

[J]. 生态学杂志，2020，39（3）：766-774.

[208] 李晖，黄培芳，黄晓维，等. 桂林会仙湿地土壤有机质·氮·磷含量与芦苇的响应研究[J]. 安徽农业科学，2012，40（6）：3295-3297.

[209] 李婧，李占斌，李鹏，等. 模拟降雨条件下植被格局对径流总磷流失特征的影响分析[J]. 水土保持学报，2010，24（4）：27-30.

[210] 齐琳，林剑，马继力，等. AnnAGNPS 模型应用于辽河源头小流域的主要参数确定方法[J]. 环境科学学报，2012，32（4）：865-870.

[211] Haas M B，Guse B，Fohrer N. Assessing the impacts of best management practices on nitrate pollution in an agricultural dominated lowland catchment considering environmental protection versus economic development[J]. Journal of Environmental Management，2017，196: 347-364.

[212] Young R A，Onstad C A，Bosch D D，et al. AGNPS：a non-point-source pollution model for evaluating agricultural watersheds[J]. The Journal of Soil and Water Conservation，1989：168-179.

[213] Yuan Y，Bingner R L，Boydstun J. Development of TMDL watershed implementation plan using Annualized AGNPS[J]. Land Use & Water Resources Research，2006，6（6）：1-2.

[214] Zema D A，Bombino G，Denisi P，et al. Prediction of surface runoff and soil erosion at watershed scale：analysis of the AnnAGNPS model in different environmental conditions[Z]. 2012.

[215] 樊娟，刘春光，石静，等. 非点源污染研究进展及趋势分析[J]. 农业环境科学学报，2008，27（4）：1306-1311.

[216] 高银超，鲍玉海，唐强，等. 基于 AnnAGNPS 模型的三峡库区小江流域非点源污染负荷评价[J]. 长江流域资源与环境，2012（S1）：119-126.

[217] 贾宁凤，段建南，李保国，等. 基于 AnnAGNPS 模型的黄土高原小流域土壤侵蚀定量评价[J]. 农业工程学报，2006，22（12）：23-27.

[218] 娄永才，郭青霞. 岔口小流域 AnnAGNPS 模型参数敏感性分析[J]. 生态与农村环境学报，2018，34（3）：207-215.

[219] Pradhanang S M，Briggs R D. Effects of critical source area on sediment yield and streamflow[J]. Water & Environment Journal，2014，28（2）：222-232.

[220] 赖格英，易姝琨，刘维，等. 基于修正 SWAT 模型的岩溶地区非点源污染模拟初探——以横港河流域为例[J]. 湖泊科学，2018，30（6）：1560-1575.

[221] Mohammed H，Yohannes F，Zeleke G. Validation of agricultural non-point source（AGNPS）pollution model in Kori watershed，South Wollo，Ethiopia[J]. International Journal of Applied

Earth Observation & Geoinformation，2005，6（2）：97-109.

[222] Sarangi A，Cox C A，Madramootoo C A. Evaluation of the AnnAGNPS model for prediction of runoff and sediment yields in St Lucia watersheds[J]. Biosystems Engineering，2007，97（2）：241-256.

[223] 娄永才，郭青霞. 岔口小流域非点源污染模型 AnnAGNPS 不确定性分析[J]. 农业环境科学学报，2018，37（5）：956-964.

[224] 席庆. 基于 AnnAGNPS 模型的中田河流域土地利用变化对氮磷营养盐输出影响模拟研究[D]. 南京：南京农业大学，2014.

[225] Moriasi D N，Arnold J G，Van Liew M W，et al. Model evaluation guidelines for systematic quantification of accuracy in watershed simulations[J]. Teansaction of the ASABE，2007，50（3）：885-900.

[226] Polyakov V，Fares A，Kubo D，et al. Evaluation of a non-point source pollution model，AnnAGNPS，in a tropical watershed[J]. Environmental Modelling & Software，2007，22（11）：1617-1627.

[227] Karki R，Tagert M L M，Paz J O，et al. Application of AnnAGNPS to model an agricultural watershed in East-Central Mississippi for the evaluation of an on-farm water storage（OFWS）system[J]. Agricultural Water Management，2017，192：103-114.

[228] 杨振华，宋小庆. 西南喀斯特地区坡地产流过程及其利用技术[J]. 地球科学，2019，44（9）：2931-2943.

[229] Kovačič G，Ravbar N. Analysis of human induced changes in a karst landscape—the filling of dolines in the Kras plateau，Slovenia[J]. Science of the Total Environment，2013，447：143-151.

[230] Villamizar M L，Brown C D. Modelling triazines in the valley of the River Cauca，Colombia，using the annualized agricultural non-point source pollution model[J]. Agricultural Water Management，2016，177：24-36.

[231] Li Z，Luo C，Xi Q，et al. Assessment of the AnnAGNPS model in simulating runoff and nutrients in a typical small watershed in the Taihu Lake basin，China[J]. Catena，2015，133：349-361.

[232] Suttles J B，Vellidis G，Bosch D D，et al. Watershed - scale simulation of sediment and nutrient loads in Georgia coastal plain streams using the annualized AGNPS model[J]. Transactions of the Asae，2003，46（5）：1325-1335.

[233] Shamshad A，Leow C S，Ramlah A，et al. Applications of AnnAGNPS model for soil loss

estimation and nutrient loading for Malaysian conditions[J]. International Journal of Applied Earth Observation & Gooinformation，2008，10（3）：239-252.

[234] Pease L M, Oduor P, Padmanabhan G. Estimating sediment, nitrogen, and phosphorous loads from the Pipestem Creek watershed, North Dakota, using AnnAGNPS[J]. Computers & Geosciences，2010，36（3）：282-291.

[235] Baginska B, Milne Home W A. Parameter Sensitivity in calibration and validation of an annualized agricultural non-point source model[M]. Washington DC: American Geophysical Union（AGU），2004.

[236] Emirhüseyinoğlu G, Ryan S M. Land use optimization for nutrient reduction under stochastic precipitation rates[J]. Environmental Modelling & Software，2020，123：104527.

[237] Marin M, Clinciu I, Tudose N C, et al. Assessing the vulnerability of water resources in the context of climate changes in a small forested watershed using SWAT: a review[J]. Environmental Research，2020，184：109330.

[238] Ricci G F, Jeong J, De Girolamo A M, et al. Effectiveness and feasibility of different management practices to reduce soil erosion in an agricultural watershed[J]. Land Use Policy，2020，90：104306.

[239] Gao X, Xiao Y, Deng L, et al. Spatial variability of soil total nitrogen, phosphorus and potassium in Renshou County of Sichuan Basin, China[J]. Journal of Integrative Agriculture，2019，18（2）：279-289.

[240] Song X, Gao Y, Green S M, et al. Nitrogen loss from karst area in China in recent 50 years: an in-situ simulated rainfall experiment's assessment[J]. Ecology and Evolution，2017，7（23）：10131-10142.

[241] Gao R, Dai Q, Gan Y, et al. The production processes and characteristics of nitrogen pollution in bare sloping farmland in a karst region[J]. Environmental Science and Pollution Research，2019，26（26）：26900-26911.

[242] Wang F, Yu Y, Liu C, et al. Dissolved silicate retention and transport in cascade reservoirs in Karst area, Southwest China[J]. Science of the Total Environment，2010，408（7）：1667-1675.

[243] Wang Z, Li S, Yue F, et al. Rainfall driven nitrate transport in agricultural karst surface river system: insight from high resolution hydrochemistry and nitrate isotopes[J]. Agriculture, Ecosystems & Environment，2020，291：106787.

[244] Chen H, Zhang W, Wang K, et al. Soil organic carbon and total nitrogen as affected by land use types in karst and non-karst areas of northwest Guangxi, China[J]. Journal of the Science of

Food and Agriculture，2012，92（5）：1086-1093.

[245] 李振炜，于兴修，姚孝友，等. 农业非点源污染关键源区识别方法研究进展[J]. 生态学杂志，2011，30（12）：2907-2914.

[246] 白静. 基于 AnnAGNPS 模型的小流域土地利用最佳管理措施研究[D]. 太原：山西大学，2014.

[247] 梁雄伟. 阿什河流域滨岸缓冲带结构设计及功能强化技术[D]. 哈尔滨：哈尔滨工业大学，2017.

[248] Wang G，Chen L，Wang W，et al. A water quality management methodology for optimizing best management practices considering changes in long-term efficiency[J]. Science of the Total Environment，2020：138091.

[249] Xu C，Hong J，Jia H，et al. Life cycle environmental and economic assessment of a LID-BMP treatment train system：a case study in China[J]. Journal of Cleaner Production，2017，149：227-237.

[250] 田耀武，黄志霖，肖文发. 三峡库区黑沟小流域非点源污染物输出的动态变化[J]. 环境科学，2011，32（2）：423-427.

[251] Banger K，Wagner-Riddle C，Grant B B，et al. Modifying fertilizer rate and application method reduces environmental nitrogen losses and increases corn yield in Ontario[J]. Science of the Total Environment，2020，722：137851.

[252] 汪雪格，刘洪超，吕军，等. 基于小流域划分的拉林河流域农业非点源污染物入河量估算[J]. 中国水土保持，2016（10）：65-67.

[253] 姜晓峰. 阿什河流域非点源污染分布特征解析与防控策略[D]. 哈尔滨：哈尔滨工业大学，2016.

[254] 孙金华,朱乾德,练湘津,等.平原水网圩区非点源污染模拟分析及最佳管理措施研究[J].长江流域资源与环境，2013，22（S1）：75-82.

[255] Tian Y，Huang Z，Xiao W. Reductions in non-point source pollution through different management practices for an agricultural watershed in the Three Gorges Reservoir Area[J]. Journal of Environmental Sciences，2010，22（2）：184-191.

[256] Merriman K R，Daggupati P，Srinivasan R，et al. Assessment of site-specific agricultural best management practices in the Upper East River watershed，Wisconsin，using a field-scale SWAT model[J]. Journal of Great Lakes Research，2019，45（3）：619-641.

[257] Lee J，Jeongsook K，Kim S. Multi-objective optimization of BMPs for controlling water quality in upper basin of Namgang Dam[J]. Journal of Korean Society on Water Environment，2018，

34（6）：591-601.

[258] Geng R，Sharpley A N. A novel spatial optimization model for achieve the trad-offs placement of best management practices for agricultural non-point source pollution control at multi-spatial scales[J]. Journal of Cleaner Production，2019，234：1023-1032.

[259] Mtibaa S，Hotta N，Irie M. Analysis of the efficacy and cost-effectiveness of best management practices for controlling sediment yield：a case study of the Joumine watershed，Tunisia[J]. Science of the Total Environment，2018，616-617：1-16.

[260] Ding Y，Dong F，Zhao J，et al. Non-point source pollution simulation and best management practices analysis based on control units in Northern China[J]. International Journal of Environmental Research and Public Health，2020，17（3）：868.

[261] 孙然好，陈利顶，王伟，等. 基于"源""汇"景观格局指数的海河流域总氮流失评价[J]. 环境科学，2012，33（6）：1784-1788.

[262] 彭兆亮，胡维平. 基于水生态改善的太湖分区分时动态水质目标制定方法[J]. 湖泊科学，2019，31（4）：988-997.

[263] 李恒鹏，陈伟民，杨桂山，等. 基于湖库水质目标的流域氮、磷减排与分区管理——以天目湖沙河水库为例[J]. 湖泊科学，2013，25（6）：785-798.

[264] EC. Directive 2000/60/EC of the European parliament and of the council of 23 October 2000[S]. 2000.

[265] Schernewski G，Friedland R，Carstens M，et al. Implementation of European marine policy：new water quality targets for German Baltic waters[J]. Marine Policy，2015，51：305-321.

[266] Dowd B，Press D，Huertos M. Agricultural nonpoint source water pollution policy：the case of California's Central Coast[J]. Agriculture，Ecosystems & Environment，2008，128（3）：151-161.

[267] Martijn van Grieken，David Pannell，Roberts A. Economic analysis of sugarcane farming systems for water quality improvement in the Burnett Mary Catchment[Z]. 2014.